中国文化四季

马新 主编

雕梁画栋

中国传统建筑文化

李仲信 著

山东大学出版社

山东省中华优秀传统文化传承发展工程重点项目
中华优秀传统文化传承书系

课题组负责人

马　新

课题组成员
（以姓氏笔画为序）

马丽娅	王文清	王玉喜	王红莲
王思萍	巩宝平	刘娅萍	齐廉允
李仲信	李沈阳	吴　欣	宋述林
陈树淑	陈新岗	张　森	金洪霞
赵建民	贾艳红	徐思民	郭　浩
郭海燕	董莉莉	韩仲秋	谭景玉

　　中国传统文化是中国历史发展中物质文化与精神文化的结晶，也是人类文明史上唯一没有中断的独具特色的文化体系，是中国历史带给当今中国与世界的文化遗产。

　　早在遥远的旧石器时代，我们的先民为了生存，打制着各式各样的石器，也击打出最初的文化的火花。随着新石器时代的到来，以农业生产为前提的农业文明发生了，我们的先民筚路蓝缕，耕耘着文明的处女地，孕育着中国文化的萌芽，绚烂多姿的彩陶文化与精致绝伦的玉石文化是这一时代的文化地标，原始宗教与信仰、语言、审美及创世神话也纷纷出现。

　　进入文明的门槛后，先民们开始了艰辛的文化积淀。商周时代的礼乐文明与青铜文化代表了这一时代的杰出成就，甲骨文与金文则成为这一时代的文化符号。至春秋战国，中国文化史上的"寒武纪大爆发"开始了，无论是物质文化，还是精神文化，都进入一个创造和迸发的时代：这一时代，出现了"百家争鸣"，从孔子、老子、墨子到孙子、孟子、庄子等贤哲，无一不在纵横捭阖，挥斥方遒，发散出理性的光芒。这一时代，出现了《诗经》《楚辞》，还出现了《左传》与《国语》以及不可胜数的人文经典。这一时代，又是科学与技术的辉煌时代，铁器与牛耕技术的出现，奠定了此后 2000 多年中国农耕文明的基础；扁鹊的医术与《黄帝内经》的理论，成为中医药文化的基石；墨子、鲁班、甘德、石申，启迪了我们的科学探索，民间无数的工匠们在纺织织造、建筑交通以及各种手工工艺上都进行了卓越的创造。春秋战国时代既是中国文化的启蒙时代，也是中国文化的奠基时代。

随着秦汉时代的到来，海内为一，中国文化进入凝炼时代，形成了大一统的文化特色。这一时代，不仅有了大规模的驰道、长城以及宫殿的兴建，还有了统一的度量衡与文字；这一时代，不仅牛耕技术继续向全国推进，还有了精耕细作技术，使其成为中国农耕文化的首要特征；这一时代，不仅有"独尊儒术"与经学的繁荣，也有汉大赋的飞扬与汉乐府的古朴；这一时代，商品贸易"周流天下"，工商政策与商业理论富有特色，全社会在衣、食、住、行方面的水平明显提高。生活的精致化与生活水平的不断提高，使得 20 世纪的权威史学家汤因比也动了想去中国汉代生活的念头。

魏晋南北朝与隋唐时代，是中国文化史上的交融与繁荣时代，周边游牧民族文化的涌入，西部世界的宗教文化及其他各种文化的东来，使这一时代形成了空前的中西文化碰撞与冲击。在此后到隋唐时代的融合发展中，实现了文化的大繁荣。道教虽产生于汉代，但其发展与传播则是在魏晋南北朝与隋唐时代；佛教也是在汉代传入，它的发展与繁荣同样是在魏晋南北朝与隋唐时代。这一时代，玄学与禅宗是思想史上的两大硕果，书法、绘画、雕塑以及音乐、舞蹈方面，更是群星闪耀，唐诗的地位在文学史上是无可替代的，唐三彩的艺术魅力同样穿越千古。这一时期的农耕文化、工商文化以及其他各文化形态也都取得了长足的发展，特别是中外文化交流之活跃、之丰富，使中国文化与外部世界的文化产生了有力互动，隋唐长安城是当时世界文明的中心所在。

宋元明清时代是中国文化的扩展时代。随着文明的进步与文化手段的变化，随着市民社会的兴起与社会结构的变化，面向民间、面向市民与普通民众的文化形态迅速扩展。宋明理学的主旨是给民众套上牢牢的精神枷锁，但是与汉代经学相比，它也是儒学民间化的一种体现。从宋词到元曲，从"三言二拍"到话本小说，再到戏剧的兴起和四大文学名著的问世，无不体现着这一特色。这一时代，既有明末清初试图开启民智的三大启蒙思想家，又有直接面向社会生产与社会生活的《天工开物》《本草纲目》以及《农政全书》。这一时代，中国文化在积淀着中国文明丰厚底蕴的同时，也在准备着自己的转身，准备着与新文化的拥抱。

从中国文化的发展可以看出，其历史之悠久、内容之丰富、价值之巨大，可谓蔚为大观，令人叹服。在新的历史时期，把握与了解这些渐行渐远的文化宝藏，并将其传承给青年一代，是摆在我们面前的世纪难题。

自 20 世纪 80 年代以来，学术界与文化界一直在孜孜不倦地去破解与完成这一难题，为此付出了艰辛的努力，推出了一批又一批面向青少年群体的"中国传统文化"类读物或教材，可谓琳琅满目，数目繁多。毋庸置疑，文化学者们的这些努力，对于研究与普及中国传统文化发挥了重要作用。但是，若作为当今面向青少年群体的普及性著作还有若干不适应之处。比如，有的著作篇幅过大，往往动辄四五十万字甚至上百万字；有的著作理论性偏强，在理论性与知识性的结合上还不够；还有的著作对有关知识点的叙述不够均衡，轻重不一。更为重要的是，随着社会主义核心价值体系建设的推进，尤其是习近平总书记所提出的对中国传统文化的"四个讲清楚"，对中国传统文化的研究和普及提出了更高的要求。为此，我们组织了 10 余所高校的相关研究人员，共同编写了这套适合当代青少年阅读的中国传统文化读物——《中国文化四季》，旨在为青少年提供一套富有时代特色的中国传统文化专题知识图书。

在编写过程中，我们深刻地感受到中国传统文化源远流长、博大精深，是中国文明 5000 年进程的辉煌结晶——既有筚路蓝缕的春耕，又有勤勤恳恳的夏耘；既有金色灿然的秋获，又有条理升华的冬藏。所以，我们以"中国文化四季"

作为总领，旨在体现 5000 年文明进展中最具代表性的精华篇章。在专题确定与内容安排上，也着重体现中国文化在春耕、夏耘、秋获、冬藏各个演进环节上的标志性成就。整套丛书由 16 册组成，包括：

《精耕细作：中国传统农耕文化》

《货殖列传：中国传统商贸文化》

《大匠良造：中国传统匠作文化》

《巧夺天工：中国传统工艺文化》

《衣冠楚楚：中国传统服饰文化》

《五味杂陈：中国传统饮食文化》

《雕梁画栋：中国传统建筑文化》

《周流天下：中国传统交通文化》

《人文荟萃：中国传统文学》

《神逸妙能：中国传统艺术》

《南腔北调：中国传统戏曲》

《兼容并包：中国传统信仰》

《天人之际：中国传统思想》

《格物致知：中国传统科技》

《传道授业：中国传统教育》

《止戈为武：中国传统兵学》

我们希望通过各专题的介绍，使读者既可以有选择地了解中国传统文化的有关知识，又可以全面地把握传统文化的基本构成。

为适应青少年的阅读需求，我们吸取了以往此类图书的优点，尽量避免其缺陷与不足。在全书的内容设计上，打破了传统的章节子目式的编排方式，每章之下设置专题，以分类叙述各门类知识；在写作时，尽量避免以往一些读物的"高深"与"生冷"现象，以叙述性文字为主，做到通俗、易懂、生动；另外，各册都精心配备了一些与各章内容相对应的中国传统文化图片等，做到了图文并茂。

需要说明的是，这套丛书作为"中华优秀传统文化传承书系"被纳入山东省"中华优秀传统文化传承发展工程"重点项目，得到中共山东省委宣传部和有关专家的大力支持与指导。为不负重托，我和20余位中青年学者共同合作，以对中国传统文化的挚爱为基点，精心施工，孜孜不倦，以打造一套中国传统文化的精品作为出发点和最终目的。全书首先由我提出编写主旨、编写体例与专题划分；各专题作者拟出编写大纲后，我对各册大纲进行修订、调整，把握各专题相关内容的平衡与交叉，以更好地体现中国传统文化的四季风情；然后交给各专题作者分头撰写初稿；初稿提交后，由我统一审稿、统稿、定稿，并补充与调整书内插图。这套丛书若能蒙读者朋友错爱，起到应有的作用，功在各位作者；若有缺失与不足之处，我当然不辞其咎。

我们由衷地希望通过全体作者的努力，使本书不再只是枯燥乏味的知识叙述，而是青少年真正的学习伙伴，让中国优秀传统文化能够浸润到每一个青少年的心灵深处。

马　新

2017 年 3 月于山大高阁书斋

第九章　宗教建筑

第十章　军事建筑

概

述

奔腾不息的万里黄河与长江，孕育出中华五千年的辉煌历史；源远流长的华夏文明，谱写出中华民族光辉灿烂的华章。中华五千年，蕴涵着丰富的历史和文化底蕴，显现出它特有的顽强生命力。我们应充分利用和依托我国现存的人文资源和自然资源，将其发扬光大。中国传统建筑深深根植于中国的传统历史文化，展现了中华文化的魅力与风采；并以其悠久的历史、博大的精神、灿烂的文化、丰富的内涵成为中华儿女心目中的历史之源、文化之源、生命之源……

在人类历史文明进程中，中国传统建筑是社会文明发展的重要环节。它的形成与发展经过了一个漫长的历史进程。从陕西半坡遗址的穴式房屋，到技术与艺术完美结合的隋代赵州桥；从世界最高的山西应县佛宫寺木塔，到现存规模最大、建筑精美、保存完整的北京故宫建筑群……优秀的传统建筑成为中国古代灿烂文化的重要组成部分。

中国传统建筑与古代埃及建筑、古代西亚建筑、古代印度建筑、古代爱琴海建筑、古代美洲建筑一样，是世界六支原生的古老建筑体系之一，有着鲜明的民族特色和地域特点，在世界古代建筑之林中独树一帜，成为东方建筑文明的代表。在漫长的人类历史发展进程中，中国传统建筑从原始的穴居、巢居开始到地面建筑，衍生出传统民居、宫殿花园、城池建筑、园林书院、陵墓建筑等多种建筑形态，为世界建筑发展史谱写出光辉灿烂的华章。

一、建筑文化

传统文化的内涵决定了传统建筑的基本形态，传统建筑则体现了传统文化的内涵，两者是不可分的。传统文化具有民族色彩和地域特色。中国传统建筑正是传统文化和民族特色的最精彩、最直观的传承载体和表现形式之一。

我国的原始社会时期是从原始人群开始出现（距今约50万年前），一直到

夏朝建立。在漫长的岁月里，我们的祖先从建造穴居和巢居开始，逐步掌握了营建房屋的技术，创造了原始的木构建筑。随着经验的不断积累和技术的提高，穴居从竖穴逐渐发展到半穴居，最后又被地面建筑所代替。这是人类建筑发展史上的一次飞跃。从此，建筑不再仅仅是物质生活手段，同时也成了社会思想观念的一种表现方式和物化形态。这一变化促进了建筑技术向更高的层次发展。

在人类漫长的历史发展中，传统民居的形式也在不断演变。我国地域辽阔，民居分布在全国各地。由于各民族的历史传统、生活习俗和地理环境不同，民居的平面布局、结构形式、建筑空间、建筑造型、细部构造和营造手法等也不相同。这使我国传统民居呈现出鲜明的民族特点和浓厚的地域特色。中国古代民居的类型呈现出极其丰富的多样性，反映出因地理环境、气候条件、社会文化不同而形成的地域特色。神州大地东、南、西、北，山区水乡，丘陵沿海，各具特色。常见的民居类型有窑洞式民居、干栏式民居、庭院式民居、土楼式民居、江南水乡民居、毡房和帐房、藏族和维吾尔族民居等，其中庭院式民居最为普遍。

宫殿建筑作为帝王权威和统治的象征具有明显的政治性。社会统治思想和典章制度对宫殿的布局有着深刻影响，在基址选择、建筑布局、空间尺度、色彩装饰等方面都具有鲜明特征。为了表现君权受命于天和以皇权为核心的等级观念，宫殿建筑采用严格的中轴对称的规划布局，中轴线上的建筑高大华丽，轴线两侧的建筑低矮简单。在整体规划上，都城与宫城连成一体，展现出宫城雄壮宏伟的气魄，营造出帝王宫殿至高无上的视觉效果。在建筑装饰上，宫殿建筑等级制十分明显，宫殿的门窗、屋顶、藻井天花、和玺彩画等都为中国古建筑中形制的最高等级，体现了皇权的至高无上，彰显了帝王宫殿的尊崇华贵。

在传统建筑中，城池的兴建源于防御功能，即防避野兽和其他部族的侵袭。随着阶级社会的不断分化，部族政权之间政治、经济纠葛的不断发生和军事征伐的接连不断，用于军事防御的城墙城楼建筑应运而生。城墙是城池外围防御设施的主体。在古代，它既是军事防御工事，又是抵御水患的堤防。瓮城也是古

代城市主要防御设施之一。另外，为了加强城堡或关隘的防守，通常会在城门外修建半圆形或方形的护门小城，利用地形，依托城池，布置兵力。总之，在古代会以国都为中心，形成边城、县邑、国都的多层次纵深防御。我国最著名的古代军事防御性建筑首推"万里长城"。

陵墓建筑是我国传统建筑的重要组成部分。古人基于"人死而灵魂不灭"的观念，普遍重视丧葬，因此，社会各个阶层对陵墓皆精心构筑。陵墓建筑一般都是利用自然地形，依山而建（也有少数建造在平原上）。陵墓建筑由地上和地下两部分组成。地下建筑用来安葬逝者的遗体和遗物，地上建筑主要供后人进行祭祀活动。在历史的演变过程中，陵墓建筑逐步与绘画、书法、雕刻等诸艺术门类融为一体，成为反映多种艺术成就的综合载体，是中国古建筑中最宏伟、最庞大的建筑群之一。这是陵墓建筑区别于其他建筑的基本特征。

古时官衙建筑大多占地面积较大，建筑形态上要符合封建传统的礼制秩序，外观上要表现出一种崇高、雄伟、庄严的气势。官衙建筑的总体布局是按封建统治的礼制来进行规划的，因而具有严格的等级制度。一般情况下，官衙建筑会按中轴线作左右对称、层层递进的布局，显得秩序井然、气氛庄重。当然，这要取决于这些官衙建筑自身的等级划分。

会馆建筑是中国传统建筑中具有特殊用途的建筑类型。其最早建于明代，但实际上具有"会馆"性质的建筑可追溯到汉代。汉代的都城长安城已经有了外地同郡人的邸舍，唐宋时期也有此类建筑。早期的会馆建筑比较简单，主要接待本籍举子及官员；后经捐资修葺或增建，会馆建筑逐渐脱离了早期的简陋，日趋富丽堂皇起来。到了明清时代，会馆建筑开始盛行。明清时期，山西商人会通天下，他们不遗余力地为自己也为子孙后代营建一个归宿。每一座会馆都刻画着时代变迁的印迹，讲述着一段古老的故事。现存比较有名的会馆有聊城山陕会馆、自贡西秦会馆、百色粤东会馆、苏州全晋会馆。

中国古代书院始创于唐，繁盛于宋元，历经清明而不衰，延续千年之久。

在这一发展进程中，书院文化内涵丰富、博大精深，形成了以人格修养为宗旨的尚德精神、以"经世致用"为特点的务实精神、以薪火相传为特征的创新精神。我国历代书院建筑对选址极为讲究，多依山傍水，师法自然。书院环境优美宁静，以陶冶心灵、清静潜修为宗旨，故大多处于文物荟萃、山水秀丽之地。这一规划和建造理念不仅丰富、完善了书院建筑宁静淡雅的文人气息，而且提升了书院的意境。书院的主体建筑多采用规则形中轴对称布局，这种布局充满着秩序井然的理性美，有助于创造庄严肃穆、端庄凝重、平和宁静的空间环境。书院建筑文化不仅成为中华传统文化的重要组成部分，而且在弘扬中华民族优秀文化传统方面发挥了重要的作用。

宗教建筑是人们举行宗教仪式的主要场所。它往往随着宗教内容的变化而不断演变。中国古代社会曾出现过多种宗教形式，影响较大的有佛教、道教和伊斯兰教。其中以佛教最为兴盛，道教、伊斯兰教次之。盛行于我国的三大宗教不仅为我们留下了丰富的建筑和艺术遗产，而且给社会文化和思想的发展也带来了深远的影响。现存的宗教建筑无论在数量、建筑技术还是艺术水平上，都在我国建筑发展史上占有重要地位，充分反映了宗教建筑与艺术等各方面的巨大成就。

附属建筑装饰也是中国古代宫殿、寺庙等建筑群常用的艺术表现形式，其作用是衬托主体建筑。春秋时期开始在宫殿正门前修建"阙"。汉代，除宫殿与陵墓外，祠庙和大中型坟墓也都使用阙。汉代以后的雕刻、壁画中常常可以看到各种形式的阙。到明、清两代，阙演变成故宫的午门。其他常见的衬托性建筑装饰还有宫殿正门前的华表、牌坊、照壁、石狮等。

二、建筑特色

中国幅员辽阔，地大物博，不同地域和民族的建筑风貌各有差异，但各种传统建筑在规划布局、建筑结构、建筑材料及装饰艺术等方面却有着共同的特点。

1. 规划布局

先民们早就注意到"天时、地利、人和"的协调统一，把人和天地万物紧密地联系在一起，视为不可分割的共同体。在建筑与自然环境的关系上，人们秉持亲和的态度，从而形成建筑和谐于自然环境的理念。修建于山水风景地带的佛寺、道观、山村部落等都十分重视相地选址。选取一个好的地段不仅可以更好地满足各自的需要，而且可以依山就势，实现建筑群落与山水地貌、自然环境的和谐统一，使这些建筑群成为凝练生动、臻于画境的"风景建筑"。

在古代都城规划中，通常设主建筑于中轴线上，以宫室为主体，次要建筑位于两侧，左右对称布局，如明清北京城的规划布局。在中国古代寺庙中，强调轴线空间布局的实例也很多。一般均将主殿——大雄宝殿放在中轴线的重要位置上，配殿居前后左右，"左阁右藏""左钟右鼓"，空间上层层递进。中国传统建筑，论其结构，不管是皇家的宫苑，还是散见于各地的各类建筑，其结构特点在世界古代建筑史中都是独一无二的。

中国古代建筑在平面布局方面有一种简明的组织规律，即每一处住宅、宫殿、官衙、寺庙，都是由若干单座建筑和一些围廊、围墙之类环绕成一个个庭院组成的。一般而言，多数庭院都前后串联起来，通过前院到达后院，这是中国封建社会"长幼有序，内外有别"的思想意识的产物。家中主要人物往往生活在院落深处的庭院里，这就形成一院连接一院、层层递进的建筑空间。庭院式的建筑一般都采用均衡对称的轴线设计方式：重要建筑安置在中轴线上，次要建筑安置在中轴线左、右两侧。北京故宫的建筑布局和北方的四合院是最能体现这一布局原则的典型实例。古人曾以"侯门深似海"形容大户人家的居处，这形象地说明了中国建筑在布局上的重要特征。

中国传统建筑四周一般有围墙，景物藏于园内。而且，除少数皇家宫苑外，园林的面积一般都比较小。古典园林与建筑丰富园景的最重要的手法是采取曲

折而自由的布局。即用"景贵乎深，不曲不深"来尽显园内的幽深曲折，并随着曲折的变化而移步换景，依次展开。另外还会在走廊两侧墙上开若干个形状优美的窗孔和洞门，人们行经其间，园内的景物映入优美的窗孔和洞门。这一手法在面积较小的江南私家园林中使用较多。我国南方园林建筑所构成的景观艺术和诗情画意的艺术境界现展了我国古典园林建筑独特的艺术风貌。

中国传统庭院布局运用不同的方法，在规则的布局中渗透着自由形式，在自由的格局中潜存着规则，组成丰富多样的建筑群落。传统建筑与自然的和谐关系自觉地体现在园林建筑中，建筑布局获得了最大的自由度，园林建筑空间也更富有诗情画意。建筑与山水、花木等组成一幅优美、和谐的画面，使得园林建筑达到一个更高层次的形式美与自然美相互融合的境界。同时，园林的自由布局、园林建筑与自然环境的完美结合反映了人们亲近自然、憧憬返璞归真的意愿。

传统建筑的内部空间所产生的美感主要存在于室内外空间的变化之中。就建筑而言，它是外部空间；但就围墙所封闭的整个建筑群而言，它又是内部空间；而且即使在水平方向，它也随时可通过廊道、亭子和门窗渗透到其他内外空间去。可见，中国传统建筑的布局达到了人与自然和谐统一的至高境界。

2. 建筑结构

中国人历来都非常注重把人和现实生活寄托于理想的世界。中国传统建筑对"人"在其中的感受的关注更重于"物"本身的自我表现。例如，在建筑材料上，传统建筑使用木材，不追求其永久性。在建筑体量上，传统建筑以人体尺度为原则，建筑高度和空间都控制在适合人居住的尺度范围内，即使是皇宫、寺庙也不能体量太大。在造型上，传统建筑讲究平和、自然的美学原则，要求平稳，注重水平线条；即使是向上发展的古塔也加上了水平线条，与中国的楼阁建筑形式相结合。

中国传统建筑的框架结构是中国古代建筑的一个最重要的特色。因为古代

建筑主要是木结构为主，即采用木柱、木梁构成房屋的框架，屋顶与房檐的重量通过梁架传递到立柱上，墙壁只起隔断的作用，而不承担房屋的重量。"墙倒屋不塌"这句古老的谚语，概括地指出了中国建筑中这种框架结构最重要的特点。这种结构可以使房屋在不同气候条件下，满足生活和生产所提出的千变万化的功能要求。同时，由于房屋的墙壁不负荷重量，门窗设置有极大的灵活性。此外，由这种框架式木结构形成了过去宫殿、寺庙及其他建筑才有的一种独特构件，即由斗形木块和弓形的横木组成，纵横交错，逐层向外挑出，形成上大下小的斗拱。这种构件既有支承荷载梁架的作用，又有装饰的作用。明清以后，房屋结构简化，将梁直接放在柱上，致使斗拱的结构作用几乎完全消失。

中国传统建筑所采用的框架结构虚实相间，墙壁中的柱子、屋顶下的大梁小椽都可以成为建筑物造型的重要组成部分，这在江南民居中表现得尤为突出。在传统建筑中，整个框架是有意显露出来的。建筑基本格局的结构线条反映出传统建筑结构的形式美。

中国传统建筑是由线形构成的。柱、梁、额、桁、枋、椽、拱等，这些线的交织网罗构成了建筑。传统建筑普遍具有可贵的材质美，建筑的这些线型构件在满足结构和功能本身要求的同时，也具有装饰的作用。如为支托屋檐出桃而产生的斗拱，为承受转角屋顶巨大重量而产生的角梁，为结构需要发展起来的屋角起翘，为满足日照要求设置的窗棂等。这些线型构件的出现来自于对构造接缝的强调。线条构图不仅与中国传统木构建筑有关，也是传统文化对事物本质执著追求的再现。

3. 建筑装饰

中国传统建筑经过漫长的发展历程，吸收了绘画、雕刻、工艺美术等造型艺术的特点，创造了丰富多彩的艺术形象，形成了自己的民族地域特色。

在论及审美行为时，西方人偏于写实，重在形式的塑造，中国人偏于抒情，重在意境的营造；西方人偏于现实美的享受，中国人偏于理想美的寄托。这种

理想美的寄托渗透到中国传统建筑中，从城区的规划到建筑设计、装饰，都可看到对理想美的追求。如皇家建筑中的龙、凤雕饰，各地建筑上以"吉祥如意"为主题的"福、禄、寿、喜"及诗书画装饰等都充分展现了中国建筑是以人为中心的，反映了人们对美好生活的憧憬。

中国传统建筑充分运用木结构的特点，创造了屋顶转折，屋面起翘、出翘，形似鸟翼伸展的檐角和屋顶各部分柔和优美的曲线；同时，屋脊的脊端都加上精美的雕饰，檐口的瓦也加以装饰。宋代以后大量采用琉璃瓦。琉璃材料颜色鲜艳，在阳光下耀眼夺目，富丽堂皇，为屋顶加上颜色和光泽，象征着财富和地位。后来又出现了其他许多屋顶装饰式样。这些屋顶组合而成的造型色彩各具艺术特色，使传统建筑在运用屋顶形式、创造建筑装饰艺术形象等方面取得了丰富的经验，成为中国传统建筑的重要特色之一。

在中国传统建筑装饰中，运用色彩装饰与传统建筑的木结构体系是分不开的。传统建筑中大量采用在木材上涂漆和桐油的方法，以保护木质和加固木构件用榫卯结合的连接处，实现实用、坚固与美观的统一。传统建筑在运用色彩方面积累了丰富的经验，常用朱红色装饰柱子、梁架，在斗拱梁、枋等处绘制彩画。例如，在北方的宫殿、官衙建筑中，色彩的对比与调和非常鲜明。房屋的主体部分、日照阳光的立面一般采用暖色，特别是朱红色；房檐下的阴影部分，则采用蓝、绿相配的冷色。阳光的暖色调和阴影的冷色调形成一种赏心悦目的对比效果。另外，朱红色门窗部分和蓝、绿色的檐下部分往往采用点金或加上金线进行装饰，蓝、绿之间也用少量红色点缀，使建筑上的彩画图案显得更加丰富、活泼、统一，增强了建筑立面的装饰效果。例如，北京的故宫、天坛加上黄色、绿色或蓝色的琉璃瓦，下面衬以一层或多层雪白的汉白玉台基和栏杆，在华北平原秋高气爽、万里无云的蔚蓝天空下，其建筑色彩动人无比。

这种色彩装饰风格的形成，在很大程度上与北方的自然环境有关。在平坦广阔的华北平原地区，冬季的色彩是单调严酷的。在这样的自然环境下，鲜明

的色彩就为建筑物带来活泼和生趣。而在山清水秀、四季常青的南方，建筑色彩一方面为封建社会的建筑等级制度所局限，另一方面南方四季温暖，终年常绿，为了与南方的自然环境相协调，建筑色彩多以白墙、灰瓦和栗、黑、墨绿等色彩为主，形成秀丽淡雅的格调。这种色调的协调统一与我国南方的历史文化自然环境是分不开的。

　　建筑作为人类生活的重要组成部分，经过漫长的岁月发展到今天，是人类创造的值得骄傲的文明成果。中国传统建筑作为中华文明的重要组成部分，以其自身的不断发展反映着历代生活的主题，是中国人民智慧的结晶。了解不同时代的建筑可以使我们领略社会生活的发展变化，领略不同民族、不同地域的文化特色。观赏传统建筑可以激发我们对中国传统历史文化的热忱，帮助我们从中吸取巨大的精神力量，从而引领我们建设更加美好的家园。

第一章

原始建筑

中国古代建筑与古代埃及建筑、古代西亚建筑、古代印度建筑、古代爱琴海建筑、古代美洲建筑一样，是世界六支原生的古老建筑体系之一。中国建筑在世界建筑中自成体系，有着鲜明的民族和地域特点。它的发展与形成经过了一个漫长的历史过程。

我国的原始社会时期是指从原始人群开始出现（距今约 50 万年前）一直到夏朝建立（前 21 世纪）为止的这一漫长的历史时期。原始社会是人类社会发展的第一阶段。从人类出现开始，原始社会也就产生了。原始社会建筑的发展极其缓慢。在漫长的岁月里，我们的祖先从艰难的建造穴居和巢居开始，逐步掌握了营建地面房屋的技术，创造了原始的木架建筑，满足了人们基本的居住和公共活动需求。

在距今 50 万年前的旧石器时代初期，我国原始人群曾利用天然崖洞作为居住所。到旧石器时代后期（距今约 5 万年以前），中国原始社会开始进入母系社会时期，中华民族的祖先在黄土地层上挖掘洞穴作为居住之所。进入新石器时代后，黄河中游的氏族部落在利用黄土层为壁体的土穴上，用木架和泥草建造了简单的穴居和浅穴居，后来逐步发展为地面建房屋，逐渐形成了部族群落。从现有的史料分析推断，穴居时代的居所从全部挖掘在地面以下的袋穴，发展到半在地下的浅穴；从露天的穴口，发展到用树枝在穴口上搭盖遮蔽风雨的棚罩。穴居时代积累了对黄土地层的认识和夯筑的技能，在搭盖穴口顶盖的过程中也积累了木材性能的知识和加工的经验技巧。在南方某些低洼或沼泽地区，还从巢居逐步发展出桩基和木材架空的干阑构造房屋。这些都可以看成是中国传统建筑的起源。

从新石器时代仰韶文化的西安半坡遗址、临潼姜寨遗址等处可以看到，当时的聚居点具有了规划布局的雏形。半坡遗址中已有功能分区迹象，区分出了居住、烧制陶器、墓葬等区域范围。随着阶级对立和私有制的出现，城市逐步孕育萌生。从全国各地的原始社会遗址可以看出，许多居住区的周围都环以壕沟，以提高遭遇外侵时的防卫能力；半坡遗址中许多小房子全都以一所大房子为中

心。可见，原始社会时期，建筑概念已经开始萌芽。这种原始社会的生活方式，历经岁月更迭遗传下来，发展成为后来的集合若干"单体建筑"组成的"群落"总体布局形式。

随着原始人营建经验的不断积累和技术的提高，穴居从竖穴逐渐发展到半穴居，最后又被地面建筑所代替。神州大地上的先民们建筑水平逐步提高，开始创造出一种超常的多元化的建筑形式，从而出现了沿轴线展开的多重空间组合和建筑装饰形式。这是人类建筑发展史上的一次飞跃。从此，建筑不再仅仅是物质生活手段，同时也成了社会思想观念的一种表达方式和物化形态。这一变化促进了人类建筑技术和装饰形式向更高的层次发展。

一、巢居

巢居起源于我国华南林木较多的潮湿地区。巢居在古代又称为"橧居"，最初指人的居所，是在大树上以树枝搭建而成的。一般来说，人类最初的创造活动大多与自然的启示有关。由于原始人思维受到的限制，他们多半只能从已有的生活体验基础上对自然进行模拟。可以设想，当初最先构筑橧巢的先民们可能是从鸟巢中得到的启发吧！

鸟类通常都要营巢，有的盖顶，有的没有。大多数鸟类雏鸟孵化后，还要经过一段时间才能羽翼丰满。为了保护好幼鸟的成长，把鸟巢营造好很有必要。人类最初的橧巢也可能没有顶盖，像个鸟巢，只是后来才想到搭造顶盖。与我国北方流行的穴居方式不同，南方湿热多雨的气候特点和多山密林的自然地理条件孕育出了云贵、百越等南方民族"构木为巢"的居住模式。巢居在适应南方气候、环境特点上具有显而易见的优势：远离湿地，远离虫蛇野兽侵袭，有利于通风散热，便于就地取材地建造等。可以说，巢居是我们祖先在适应环境上的一大创举（见图1-1、图1-2）。

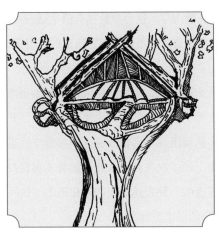

图1-1 巢居　　　　　　　　　　　　　　图1-2 巢居

在中国现有的文献中，曾记载关于巢居的传说。如《韩非子·五蠹》："上古之世，人民少而禽兽众，人民不胜禽兽虫蛇，有圣人作，构木为巢，以避群害。"《孟子·滕文公下》："下者为巢，上者为营窟。"因此有人推测，巢居可能是低洼潮湿、多虫蛇的地区采用过的一种原始居住方式。

由于巢居是发生在至少百万年以前的住居习俗，是一种依附于生长植物上的并用植物枝干搭构而成的"居室"，故历经百万年以来的风雨灾变，不可能留下真正的实物痕迹，考古学家也无法考察到其原貌。但从国外资料来看，在几个世纪前的某些热带地区，如印度的萨姆地区的后进民族便存在树居的习俗。这种现象表明，在人类的住居生活史中，巢居习俗是肯定存在的。中国境内的古代人类，正如学者们推测的那样，曾存在过巢居习俗。中国巢居习俗的流行时代大约在旧石器时代早期。云南元谋人、山西西侯度人、陕西蓝田人等遗址均未见明显的洞穴居址，这与当时的树巢居习惯有关。

二、干阑式建筑

干阑式建筑最早出现于长江流域及以南地区。这一区域气候温暖潮湿，干阑式建筑屋身较高，通风、防潮、散热功能较好，很适合于温暖湿润的气候环境。干阑式建筑遗存主要发现于河姆渡遗址和鲻山遗址。

干阑式建筑，是汉文史籍对少数民族房屋的音译，又称"干栏""干兰"等。干阑式建筑的特点是：用竖立的木桩或竹桩构成高出地面的底架，再在底架上用竹木、茅草等建造长方形或椭圆形的房屋。在平原或湖泊、河流附近，地势低洼、地下水位较高的地点，常采用干阑式结构建造房屋。这类民居一般规模不大，3～5间居多，无院落，日常生活及生产活动皆在一栋房子内解决（见图1-3）。干阑式建筑的这种下部架空的构建形式，具有通风、防潮、防虫蛇等优点，

图 1-3　干阑式建筑

非常适用于广西、云南、海南岛等气候炎热、潮湿多雨的中国西南部亚热带地区。

干阑式建筑是河姆渡文化早期的主要民居建筑形式。1973年，在距浙江宁波市区约20公里的余姚河姆渡发现了古文化遗址——河姆渡遗址（距今7000～5300年），这是我国目前已发现的最早的新石器时期文化（距今约1万年）遗址之一。在河姆渡遗址发现了大批榫卯木构件及干阑式建筑遗迹，显示了河姆渡文化的住房特点。现有资料表明，河姆渡文化的干阑式建筑营建技术大致先后经历了打桩式和挖坑埋柱式两个阶段。

干阑式建筑是原始巢居的直接继承和发展。其之所以能够跨越时空从远古走到今天，历经7000余年长盛不衰，不仅是因为它适应了当地的地理气候和自然环境，更重要的是因为它遵循了我国"天人合一"的哲学思想，体现了人与自然高度协调的文化精神。

三、地穴式建筑

穴居起源于北方的黄河流域。大约在新石器时期，华北便出现了穴居式的建筑。我国北方气候寒冷干燥，在生产力水平低下、缺乏营造技术知识的条件下，居住洞穴是最好的选择。不仅在中国如此，世界各地的考古发现都表明，穴居是北方寒冷地带的原始住民普遍采用的方式。

地穴式建筑，亦称"洞穴式建筑"（见图1-4）。人类初始不懂得建造住屋，大多利用天然洞穴作为栖身之所，如史前人住过的北京周口店龙骨山洞穴、河南安阳小南海北楼顶山洞穴、江西万年仙人洞穴等。借助天然洞穴居住是一种消极的本能防卫，缺乏积极的创造。随着人口数量的增加和农业生产对于定居需求的提高，自然的山洞已不能满足需要，于是人们开始自己挖洞来居住。这样就摆脱了天然洞穴的限制，可以自由自在地安排自己的居所了。

在距今8000～4000年这一时段里，从新石器时代早期，经仰韶文化到龙山文化，

在黄河流域大多采用穴居。这些穴居建筑形式的发展从剖面图上看大致经历了穴居——半穴居——地面建筑——加台基地面建筑；从平面上看大致经历了圆形——圆角方形和方形——长方形。

人们挖掘洞穴居住，最初是模仿自然山洞在山坡或崖壁上开挖横穴，后来发展为在平地上垂直下挖坑穴然后横着向水平方向挖掘。黄河流域有广阔而丰厚的黄土层，土质均匀，含有石灰质，有壁立不倒的特点，便于挖作洞穴。因此，原始社会晚期，竖穴

图 1-4 地穴式建筑

上覆盖草顶的穴居形式被这一区域的氏族部落广泛采用。[1]在黄土沟壁上开挖横穴而成的窑洞式住宅必须以黄土地貌为前提，所以只见于我国西北地区。最早的一座原始窑洞遗址发现于甘肃宁县，属于仰韶晚期，距今 5000 余年，其洞室为圆形，穹窿顶。较晚的见于山西石楼岔沟、襄汾陶寺等地，其平面多作圆形，和一般竖穴式穴居并无差别，也有作圆角方形平面的。

在山西石楼岔沟村发现的 10 余座窑洞遗址绝大多数是圆角方形平面，其室内地面及墙面裙都用白灰抹成光洁的表面。山西襄汾陶寺村还发现了"地坑式"窑洞遗址，这种窑洞是先在地面上挖出下沉式天井院，再在院壁上横向挖出窑洞，这是至今在河南等地仍然被使用的一种窑洞。宁夏海原的菜园村窑洞多用穹顶，

① 参见潘谷西：《中国建筑史》，中国建筑工业出版社 2009 年版，第 18 页。

个别接近筒拱顶，平面略成椭圆，窑内多以木柱加强支撑。武功赵家来村窑洞前有夯土院墙围合成院和畜舍，洞室前壁用草泥墙或夯土墙封护，但窑顶仍是穹顶，仍以木柱支撑。仰韶时期河南偃师的灰坑显示出一种更为原始的穴居形态。灰坑圆形，底部一侧有一柱洞，可能用于插入横木，横木另一侧与立柱相连，加强立柱的稳定及方便人的上下，底部另一侧有生火的地方，坑的上部罩覆着顶盖。

四、半地穴式建筑

半地穴式建筑是从地穴式建筑发展演变而来的。北方地区寒冷干燥，这种建筑方式有利于防寒保暖，与现在的窑洞有着异曲同工之妙。它有一部分深入地下，不仅冬暖夏凉，防止潮湿，还能抵御野兽的侵袭。随着构筑屋顶技术的提高，半地穴式房屋很快出现并流行开来。半地穴式建筑遗迹集中在黄河中上游地区，最早的半地穴式建筑出现在西安半坡文化遗址。

典型的半地穴式建筑以甘肃天水秦安大地湾遗址 F372 和 F301 为代表，据测定距今约 7000 年。这种半穴居建筑有窄窄的仅容一人通行的斜坡或土阶门道。稍晚，门道的主要部分已在房屋之外，室内面积不被侵占，空间比较完整。门道上有两坡雨篷，雨篷前段地面应有土坎防雨水流入。门道伸入室内的部分用短墙隔出一个小小的凹入的门厅。门道和门厅是室内外的过渡。若是地面建筑，一般就没有门道，但门下可能有较高的门槛。

半坡聚落位于黄河流域陕西西安半坡村，距今 6000～5000 年。半坡聚落居住区中心是一座很大的长方形房屋，应该是氏族成员进行公共活动——氏族会议、宗教祭祀、节日庆祝等的场所。大房屋的四周建有许多圆形或方形的小房屋，是氏族成员的住处。居住区周围有深 5～6 米的壕沟用于防卫。半坡居民居住的房屋大多是半地穴式的。他们先从地表向下挖出一个方形或圆形的穴坑，在

穴坑中埋设立柱，然后沿坑壁用树枝捆绑成围墙，内外抹上草泥，最后架设屋顶（见图1-5）。屋内地面修整得十分平实，中间有一个坑，用来烧煮食物、取暖和照明，睡觉的地方高于地面。

图1-5 半地穴式建筑

仰韶文化以前的居室多为小圆形穴和半穴形，人们只能蜷缩其中。不舒服的睡卧姿势和生活的不便，自然促使人想到扩大洞穴面积并将穴壁稍稍展直，于是出现了圆角方形的样式，后来又发展为方形、长方形的房屋。大地湾遗址的房址都是半穴居，大致是在地面以下挖一平底圆坑，台阶或坡道包括在坑的面积内，在坑的上沿周边插入许多木棍向中心交接，搭成圆锥形支架，支架上可用细树枝条横向扎结，表面覆盖草叶或泥土。坑中可以生火。

值得特别注意的是灶坑，它位于房屋中心或稍稍靠前的位置。灶炕居中使温度和光亮均匀分布，正对入口，进入房屋的冷空气可以马上得到加热，燃料和灰烬也方便进出。在灶炕右边通常是睡卧的地方，晚期此处居住面常高出几厘米，以防潮湿。灶炕左边是进行炊事和少量储藏的地方。门厅左右的短墙正好遮住这两片面积，使之比较隐蔽。睡卧和炊事都需要火，灶炕自然处于中间，成了生活中心。

五、公共建筑

原始社会公共建筑的出现应在母系氏族社会的繁荣时期，到父系氏族社会

依然存在，但某些方面已有改变。公共建筑最初具有聚落管理、聚会和集体福利性质。母系氏族时的公共建筑是当时最受尊重的外祖母和氏族首领的住所，同时也是社会被抚养人口集中居住的地方。父系氏族社会后期，首领特权增长，同时向奴隶社会方向转化，前堂后室的公共建筑变成父系首领所专用，成为他的特权家庭居住和办理统治事宜的场所。这批原始社会公共建筑遗址的发现，使人们对5000多年前神州大地上先民们的建筑水平有了新的了解。先民们为了表示对神的敬仰，创造出一种超常的建筑形式，从而出现了沿轴线展开的多重空间组合和建筑装饰艺术。这是建筑发展史上的一次飞跃。从此，建筑不再仅仅是物质生活手段，同时也成了社会思想观念的一种表征方式和物化形态。这一变化促进了建筑技术和艺术向更高的层次发展。

随着我国考古工作的不断发现挖掘，祭坛和神庙这样的祭祀建筑也在各地原始社会文化遗迹中不断被发现。浙江的祭坛遗址位于余杭的瑶山和汇观山，均是土筑而成的长方形祭坛；在内蒙古大青山、辽宁喀左东山发现的3座祭坛则是用石块堆成的方形祭坛和圆形祭坛。这些古老祭坛的遗迹都是在远离市区居住区的山岭山丘之间被考古人员发现的，这说明对它们的使用不限于某个居民区，而可能是一些部落群所共同使用的。他们祭祀的对象应该是天地之神或农神。

中国最古老的神庙遗址发现位于辽宁西部的建平境内。这座神庙建在山丘顶部，是空间组合变化多端而又神秘的神庙。庙内设有系列成组的女神像。根据残留的雕像块推测，主雕像的高度比现代人大1～2倍，还一个雕像的头部和现代人的等大。神庙内的雕像神态逼真，手法写实，具有相当高的雕刻技艺。神庙的房屋是在基座基础上修复成平坦的室内平面后，再用木结构泥墙的方法建造壁体而成的。令人关注赞叹的是，神庙的内部多用彩画和踢脚线来装饰墙面，墙壁上的彩画是在压平后又经过烧烤的泥面上用赭红色和白色描绘的几何形图案，而线脚则是在泥面上做成凸出的扁平线或半圆线再加以绘制而成的。

六、地面民居建筑

随着原始人营建经验的不断积累和技术的提高，穴居从竖穴逐渐发展到半穴居，最后又被地面建筑所代替（见图1-6）。由于不同的自然环境和生活习惯以及部落间发展的不平衡，即使在同一地区也存在穴居、半穴居和地面建筑先后交替出现的现象。但地面建筑毕竟是进步的，因此竖穴和半穴居最终被淘汰。当然，奴隶们居住的穴居、半穴居窝

图1-6 地面建筑

棚甚至在商周遗址中都很普遍，这不是房屋营造技术的倒退，而是奴隶社会中阶级对立所造成的现象。①

仰韶时期的氏族已过着以农业为主的定居生活，当时的原始村落多选择河流两岸的台地作为基址。这种台地地势高亢，水土肥美，有利于耕牧与交通，适宜于定居生活。仰韶时期的村落已经有初步的区划布局。在陕西临潼姜寨发现的仰韶村落遗址中，居住区的住房共分五组，每组都以一栋大房子为核心，其他较小的房屋环绕中间空地与大房子作环形布置，反映了氏族公社生活的情况。从营造技术上看，使用石器工具的仰韶人后期的建筑已从半穴居进展到地

① 参见潘谷西主编：《中国建筑史》，第18页。

面建筑,并已有了分隔成几个房间的房屋。仰韶房屋的平面有长方形和圆形两种,墙体多采用木骨架上扎结枝条后再涂泥的做法,屋顶往往也是在树枝扎结的骨架上涂泥而成。为了承托屋顶中部的重量,常在室内用木柱作支撑。柱子与屋顶承重构建的连接据推测是采用绑扎法。室内地面、墙面往往由细泥抹面或烧烤抹面,使之陶化以避免潮湿,也有铺设木材、芦苇等作为地面防水层的。室内备有烧火的坑穴,屋顶设有排烟口。

在龙山文化的遗址中还发现了土坯砖。如河南安阳后岗龙山文化遗址中的一批房址均为地面建筑,房基用夯土筑成,墙体用土坯或木骨泥墙,室内地面和墙面用白灰抹面,柱子下垫石础。在山西襄汾陶寺村龙山文化遗址中已出现了在白灰墙面上刻画的图案,为我国已知最古老的居室装饰。

七、内蒙古兴隆洼文化遗址

兴隆洼文化因首次发现于内蒙古敖汉旗兴隆洼村而得名,距今已有 8000 多年的历史。兴隆洼遗址是内蒙古及东北地区时代较早、保存最完好的新石器时代聚落遗址,位于中国北部内蒙古自治区赤峰市敖汉旗,地处努鲁儿虎山脉北麓、大凌河支流牤牛河上游,周围交通便捷。

兴隆洼文化是北方三大文化系统之一。兴隆洼、白音长汗和金龟山遗址发现的主要遗存基本可以反映兴隆洼文化从早到晚的严谨序列。兴隆洼文化对其周围地区的影响是显而易见的,红山文化、赵宝沟文化、富河文化都是在此基础上衍生出来的。[1]兴隆洼文化与黄河流域的新石器时代文化相互影响,对整个东北地区的文化起很大的推动作用。

兴隆洼聚落的规模是相当可观的,其形态演变大致经历了三个阶段:一期

---

① 参见王巍总主编:《中国考古学大辞典》,上海辞书出版社 2014 年版,第 152 页。

聚落在居住区外绕以椭圆形围沟，房址均沿西北—东西方向成排分布，室内面积较大；二期聚落承袭一期聚落的布局，房间面积略小；三期聚落房址排列不整齐，密度大，室内面积明显变小。

兴隆洼遗址结构布局规整有序，整个村落当初应该是统一营建的。遗址周围有人工围沟，围沟内有成排平行排列的房屋，房址排列整齐有序（见图1-7）。全村共有房屋94座，由东南向西北方向按顺序排列，每排10座左右，最大的两排房并排坐落在村落的中心部位。在村落的西北侧设有一个出入口。房址为长方形半地穴式，面积有大有小，房址中间设有灶址、柱洞、龛。房址四周和东北侧有窖藏坑。

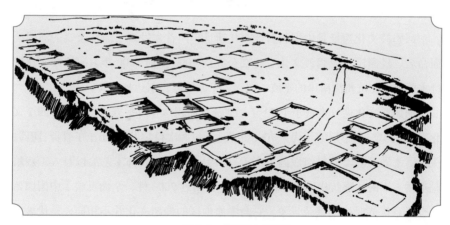

图1-7 兴隆洼文化遗址

兴隆洼居室墓葬是兴隆洼文化的重要内涵之一，对研究人类的埋葬习俗提供了宝贵的史料。从兴隆洼居室墓葬的数量及其位置来看，它应与当时人类的祭祀活动有关。一处出土的墓葬显示，墓主与雌、雄两头猪同穴并列埋葬。从中可以推断出，墓主因生前的地位和特殊的死因而被埋入室内。生者为了获得某种超自然力量或祈求保佑，便将死者作为崇拜和祭祀的对象。而人、猪并穴埋葬的方式表明，当时的祭祖活动与祭祀猎物的活动已经结合在一起，而且兴

隆洼先民们对猪灵的祭祀具有图腾崇拜的意义。

兴隆洼遗址是兴隆洼文化的命名地，是中国全面发掘保存最完整、年代最早的原始村落，对于我们认识原始社会的历史有着重要的学术价值。另外，兴隆洼遗址作为中国建筑史上的奇迹，对研究我国新石器时代早期阶段聚落布局、房屋建筑、生活方式等提供了宝贵的实物资料。正如人们所说的：要想了解中国文化，不能不了解中国北方文化；要想了解中国北方文化，不能不了解兴隆洼文化。

八、浙江河姆渡文化遗址

河姆渡文化遗址是中国新石器时代遗址，因首先发现于浙江余姚的河姆渡而命名。经测定，河姆渡文化发生在公元前 7000～前 5000 年。河姆渡文化遗址主要分布在杭州湾南岸的宁波、绍兴等平原地区，东达舟山岛。

河姆渡文化遗址发现于 1973 年，遗址总面积达 4 万平方米，叠压着四个文化层。经测定，最下层的年代为 7000 年前。通过两次科学发掘，出土了骨器、陶器、玉器、木器等各类质料组成的生产工具、生活用品、装饰工艺品以及人工栽培稻遗物、干阑式建筑构件、动植物遗骸等文物近 7000 件，全面反映了中国原始社会母系氏族时期的繁荣景象。它与中原地区的仰韶文化并不相同，是代表中国古代文明发展趋势的另一条主线。由此可见，长江下游地区的新石器文化同样是中华文明的重要渊源。[①]

河姆渡文化的建筑形式主要是栽桩架板高于地面的干阑式建筑。干阑式建筑是中国长江以南新石器时代以来的重要建筑形式之一，目前河姆渡是发现的

---

① 参见陈宣红：《中华悠久的文明史与〈山海经〉研究的意义》，《福建师范大学学报》
2009 年第 1 期。

最早的干阑式建筑遗存。它与北方地区同时期的半地穴房屋有着明显差别，成为当时最具有代表性的建筑形式（见图1-8）。

河姆渡文化遗址两次发掘范围内发现了大量干阑式

图1-8 河姆渡遗址干阑式木构建筑遗迹

建筑遗迹，特别是在第四文化层底部，分布面积最大、数量最多，远远望去，密密麻麻，蔚为壮观。据推算，第四文化层至少有6幢建筑，其中有幢建筑长23米以上，进深6.4米，檐下还有1.3米宽的走廊。这种长屋里面可以分隔成若干小房间，供一个大家庭住宿。河姆渡遗址的房屋构件主要有木桩、地板、柱、梁、枋等，有些构件上带有榫头和卯口，有几百件，说明当时建房时垂直相交的接点较多地采用了榫卯技术。河姆渡遗址的建筑以大小木桩为基础，其上架设大小梁，铺上地板，做成高于地面的基座，然后立柱架梁，构建人字坡屋顶，完成屋架部分的建筑，最后用苇席或树皮做成围护设施。其中立柱的方法也可从地面开始，通过与桩木绑扎的办法树立起来。

这种底下架空、带长廊的长屋建筑能够适应南方地区潮湿多雨的气候环境，因此为后世所继承。今天在中国西南地区和东南亚国家的农村还可以见到此类建筑。建造庞大的干阑式建筑远比同时期黄河流域居民的半地穴式建筑要复杂，这说明河姆渡人已具有同现代人一样较高的智力水平。河姆渡文化遗址的建筑技术为中国木结构建筑打下了坚实的基础。

河姆渡遗址的发掘为研究当时的建筑、艺术等东方文明提供了极其珍贵的

实物佐证，是新中国成立以来最重要的考古发现之一，自出土以来就深深地震撼了整个世界。

九、红山文化聚落遗址

红山文化距今有五六千年的时间。红山文化以辽河流域中辽河支流西拉木伦河、老哈河、大凌河为中心，主要分布在内蒙古东南部、辽宁西部和河北北部以及吉林西北地区，面积达 20 万平方公里。之后在邻近地区发现有与赤峰红山遗址相似或相同的文化特征的诸遗址，统称为"红山文化"。[①]

红山文化延续时间达 2000 年之久，全面地反映了中国北方地区新石器时代文化的特征和内涵。目前发现的红山文化遗址主要有聚落、房址、灰坑、窑址等，它们是研究红山文化聚落形态的重要资料。早期的红山文化聚落遗址规模较小，种类较少；到了晚期，聚落规模逐渐扩大，数量增多，并出现了中心聚落和大型的祭祀遗址。

红山文化遗址呈半山地半丘陵地貌，虽为山区，并不闭塞。整个遗址坐落于万亩松林丛中，冬夏常青，空气新鲜，环境幽雅，依然存有原始风貌。聚落类型丰富，功能多样，有单一居住功能的居住址和聚落、由居住址和墓地组成的聚落以及单一的祭祀性遗址。聚落选址位置明确，居住址多选择在河流分布地区的临河高地或向阳地带，墓葬多选择在山梁或较平坦的山顶上。

魏家窝铺红山文化聚落遗址位于内蒙古赤峰红山区文钟镇魏家窝铺村东北约 2 公里处的丘陵台地上，是目前国内发现的保存最完整、规模最大的红山文化早中期聚落遗址。此遗址总面积为 90000 多平方米，共有 59 个遗迹单位，保存较好。目前已发现房址 36 座、灰坑 62 个、灰沟 2 条，并出土了陶容器、陶制品等红山

---

① 参见李丽：《红山文化发祥地》，2013 年 12 月 7 日《内蒙古日报》。

文化时期的遗物和石器、骨角制品等，为研究史前人类的居住情况和生产方式提供了重要线索。这些发现都表明6000多年前后岗一期文化的居民向北迁移，并与魏家窝铺红山文化的居民发生了接触。魏家窝铺红山文化聚落遗址出土的文物除了具有史前中国东北地区的传统文化因素外，有些还兼具豫北冀南地区后岗一期文化的特征。这一现象折射出6000多年前东北地区与中原地区的两种史前文化的交流。这一现象的发现不仅为研究红山文化提供了难得的实物资料，而且为深化西辽河上游文明化进程的研究提供了新的平台（见图1-9）。

遗址内红山文化灰坑的坑口形状有圆形、椭圆形、圆角方形和不规则形等，坑体结构有直壁筒形、倒梯形、袋状、锅底形等，坑底形态有平底和二层台等样式。房址均为地穴或半地

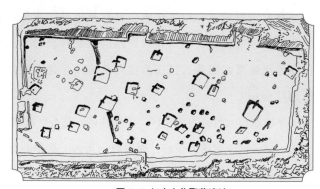

图1-9 红山文化聚落遗址

穴式，平面形状呈圆角方形、梯形和平行四边形等，面积在10～50平方米不等。残墙高数厘米至60余厘米不等，剖面形状基本为直壁。

红山文化具有重要的历史价值。红山文化的发现，使西拉木伦河流域与黄河流域、长江流域并列成为中华文明的三大源头。它不仅是中华5000年文明的起源，而且为上古时期黄帝等代表人物在北方的活动以及宗教史、建筑史、美术史的研究提供了丰富的实物资料。

十、西安半坡文化遗址

半坡文化遗址位于陕西西安半坡村，距今6000年以上。早在远古时代，原始人类就在这里繁衍生息，创造了多姿多彩的史前文化，为后世留下了丰富的文化遗存。

黄河流域素有"中国古代文化发源地"之美称。半坡遗址是黄河流域一处典型的原始社会母系氏族公社村落遗址，属新石器时代仰韶文化。它是黄河流域规模最大、保存最完整的原始社会母系氏族村落遗址。半坡村的原始居民是定居的，以氏族或部落为单位建立村落，是没有贫富差别的原始社会。

半坡遗址大致分为三个区，即居住区、墓葬区和制陶作坊区。居住区是村落的主体，位于聚落的中心，周围有一条人工挖掘的宽6～8米、深5～6米的大壕沟围绕，中间又有一条宽2米、深1.5米的小沟将居住区分为两片，形成既有联系又相区分的两组布局。大壕沟外北边是公共墓地，东边是制陶作坊窑址群。

半坡类型的房子有圆形、方形和长方形，有的是半地穴式建筑，也有的是地面建筑。这些房屋均采用木骨涂泥的构筑方法。其建筑形式为：门前有雨棚，恰似"堂"的雏形，再向屋内发展，形成了后进的"明间"；隔墙左、右形成两个"次间"，正是"一明两暗"的形式，如若横向观察，又将隔室与室内分为前、后两部分，形成"前堂后室"的格局。每座房子在门道和居室之间都有泥土堆砌的门槛，房子中心有圆形或瓢形灶坑，周围有多个深浅不等的柱洞。圆形房子直径一般在4～6米，居住面和墙壁都用草拌泥涂抹，并经火烤以使坚固和防潮（见图1-10）。方形或长方形房子面积小的 12 ～ 20 平方米，中型的 30 ～ 40 平方米，最大的复原面积达 160 平方米。储藏东西的窑穴分布于各房子之间，形状多为口小底大圆袋状。还有家畜饲养圈栏 2 个，均作长方形。

图 1-10 半坡遗址的圆形房子

半坡晚期的方形房屋是从早期的半地穴式发展而来的。这种房屋完全用椽、木板和黏土混合建筑而成。整个房子用 12 根木桩支撑，木柱排列 3 行，每行 4 根，形成规整的柱网，初具"间"的雏形，它是我国以间架木为单位的"墙倒屋不塌"的古典木构框架式建筑。

半坡村落中心是一座约 160 平方米的大房子。进门后，前面是活动空间，是供氏族成员聚会、议事的场所；后面则分为 3 个小间，是氏族公社最受尊重的老祖母或氏族首领的住所，同时也是老人和儿童的"集体宿舍"。

半坡遗址大厅为 3000 平方米，是原始村落的一部分。其房屋建筑早期是半地穴式，即一半在地下，以坑壁为墙，露出地面的一半盖上了屋顶。这种房屋既低矮又潮湿。到了原始社会晚期，才在地面砌墙，并用木柱支撑屋顶。这种直立的墙体及带有倾斜的屋面具有了后来我国传统房屋建筑的基本模式。这在当时可算是了不起的创举。遗址中还能见到公共墓地。这些墓葬生动而具体地展现了我们祖先开拓史前文明的艰难足迹。

　　半坡遗址的发掘是首次对一个原始氏族聚落遗址进行的大面积展示，确立了一个新的文化类型。半坡遗址为研究中国黄河流域原始氏族社会的性质、聚落布局、经济发展、文化生活等提供了较完整的资料，对研究中国原始社会历史和仰韶文化的分期具有重要的科学价值。

第二章

传统民居

中国传统民居崇尚自然、结合自然，因地制宜地运用自然地形、就地取材，使民居室内、外空间相互渗透，展现出独特的审美意境，映射出鲜明的地域特色与自然生态的亲和性。中国地域辽阔，传统民居的类型多种多样，极其丰富，反映出因地理环境、气候条件、社会文化不同而形成的地域特色。在漫长的历史发展过程中，民居的形式也在不断演变。常见的民居种类有窑洞式民居、干阑式民居、庭院式民居、土楼式民居、江南水乡民居、毡房和帐房、藏族和维吾尔族民居等，其中以庭院式民居最为普遍。

民居分布在全国各地。由于各民族历史传统、生活习俗、审美观念的不同和各地自然条件、地理环境的不同，各地民居在平面布局、结构形式、造型和细部特征等方面相差很大，呈现出淳朴自然、而又各具特色的面貌。在与人们生活息息相关的民居中，各族人民常把自己的心愿、信仰、审美观念，把自己所最希望、最喜爱的东西，反映到民居的装饰色彩和图案纹样上。秦砖汉瓦、斗拱栏杆、屋顶门窗、墙垣天井等处处体现着中国传统民居建筑的美感。

中国传统民居的主流是规整式住宅，以采取中轴对称方式布局的北京四合院为典型代表。北京四合院是中国封建社会宗法观念和家庭制度在居住建筑上的具体表现，其庭院方阔，尺度适宜，宁静亲切，花木井然，是十分理想的室内外生活空间。因而华北、东北地区的民居大多采用这种宽敞的庭院式住宅。江南传统住宅从总体上来看应属于墙壁型：高高的砖砌外墙，夏天在阻挡强烈阳光的同时保证有效的通风；构筑二层或三层的天井，住宅建筑都围合着天井，天井既窄且深；外墙内侧二层或三层的优美木结构部件造型暴露在外，内部各室向着天井开放，同时具有屋顶型住宅的特征。

住宅建筑起源于人的居住需要。民居几乎是和人类的文明同时发展起来的，它是历史最悠久、范围最广泛、形式最多样最基本的建筑样式。民居作为宁和、朴素的安居之所，既满足了人们对居住功能的要求，又具有一定的精神意义。

它所形成的文化功能与氛围总是与"家"联系在一起，让人的生活和精神得到休憩与寄托。中国传统民居作为中国传统建筑的一个重要类型，凝聚了中华先民的生存智慧和创造才能，形象地传达出中国传统文化的深厚意蕴，直观地表现了中国传统文化的价值系统、民族心理、思维方式和审美理想。

中国传统民居的风格和实用价值常与当地的自然特点、民风民俗联系起来，并且各地各族的古民居均具有自己的特点，形成了风格明显的体系。另外，通过总体布局的变化、民居建筑空间的灵活组合、建筑造型的细部构造等的营造手法，中国传统民居表现出强烈的民族特点和浓厚的地方特色，显示了民居建筑丰富多彩的艺术面貌。

一、秦砖汉瓦

中国建筑陶器的烧造和使用是在商代早期开始的。最早的建筑陶器是陶水管，到西周初期又创新出了板瓦、筒瓦等建筑陶器。秦始皇统一中国后，结束了诸侯混战的局面，各地区、各民族得到了广泛交流。到了汉代，社会生产力又有了长足的发展，手工业的进步突飞猛进。因此秦汉时期制陶业的生产规模、烧造技术、数量和质量，都超过了以往任何时代。秦汉时期建筑用陶在制陶业中占有重要位置，最富有特色的为画像砖和各种纹饰的瓦当，素有"秦砖汉瓦"之称。

我国秦汉时期砖瓦的使用已十分普及，并具有较高的艺术观赏性和使用价值。秦砖质地温润而坚硬，有"铅砖"之美称。秦砖不仅大量用于建筑装饰，也开始用来建造城池、房屋，具有了承重的作用。秦砖的图案装饰一般有米格纹、太阳纹、平行线纹、方格纹等。另外，在台阶或影壁面上多使用空心砖。空心砖是盛行于战国秦汉时期的大型建筑材料，一般装饰有几何图案、动物图案、历史神话故事等。秦代的龙纹空心砖在工艺制作上采用模印的方法，正面和侧

面的中央饰二龙壁纹，左侧有凤鸟和灵芝，右侧有飞龙走兽。画面丰富饱满，丰满朴实；龙凤呈祥图案庄严喜庆，气势雄浑，展现了秦砖的特有气质（见图2-1）。制砖业在汉代取得了长足进步。由于经过烧制的砖耐磨，耐水浸，因而广泛使用于地面建筑和地下墓葬。汉代画像砖的制作更为普遍，装饰内容也愈加丰富多彩，充分反映出当时先民们生产活动、生活场景的丰富画面。①

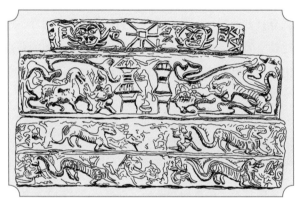

图2-1　秦龙纹空心砖

瓦当即筒瓦之头，主要作用是保护屋檐，使其不被风雨侵蚀。同时又富有装饰效果，使建筑更加绚丽多姿。瓦当有着强烈的时代艺术风格。

秦代瓦当绝大多数是圆形的，带有纹饰。纹样主要有动物纹、植物纹和云纹三种。动物纹中有奔鹿、立鸟、豹纹和昆虫等；植物纹中有叶纹、莲瓣纹和葵花纹等。云纹瓦当图案变化丰富，风格秀美，组合型的纹样也很多。很多情况下会将云纹与鸟纹、蝉纹、饕餮纹、花卉、光芒等纹样结合在一起构成新的纹样。这种云纹瓦当沿用至汉代，但汉代的纹样较秦代的粗一些。秦瓦当有文字的绝少，例如"羽阳千秋""千秋利君"等，字体多是较典型的小篆书体，行款亦较固定，少见图案。

汉代瓦当纹饰更为精美，画面仪态生动。汉代瓦当以动物装饰最为突出，除了造型完美的青龙、白虎、朱雀、玄武四神以外，也采用兔、鹿、牛、马图

---

① 参见百度百科：秦代砖瓦。

案进行装饰（见图2-2）。汉代还出现了大量的文字瓦当，反映出当时统治者的意识和愿望，如"千秋万岁""汉并天下""万寿无疆""长乐未央""大吉祥富贵宜侯王"等。这些文字瓦当字体有小篆、鸟虫篆、隶书、真书等，布

图2-2 汉代四神瓦当

图2-3 汉代文字瓦当

局疏密有致，章法茂美，质朴醇厚，表现出独特的中国文字之美（见图2-3）。

古人有言谓"秦砖汉瓦"，这表明这一时期建筑装饰的辉煌。雕梁画栋、壁画、壁饰充满了建筑的各个角落，装饰艺术效果明显，体现了汉族建筑浓郁的民族风格。在以后的发展中，又逐渐形成琉璃瓦、雕梁画栋的宫殿形式和青砖黑瓦、朴素简易的民居形式。

二、泰山石敢当

我国古代住宅正门外墙处和村庄对着道路、桥梁的街巷口，常立石刻的"石敢当"三字，以避不祥之物，保佑平安。关于石敢当的来历，有很多不同的传说。比较普遍的说法是古代有一位勇士、名叫"石敢当"，在战争中因护主而死，后人遂立碑纪念。立石敢当的风俗始盛于唐代，而镌立石敢当的习俗究竟源于何时，

历来众说不一。

　　石敢当的信仰起源于远古的石崇拜。人类文明发端于对石头的运用。在原始社会里，石头的功用非同一般。因此，石崇拜可能是最早产生的一种自然崇拜方式。这里所说的自然崇拜，是仪式化的自然信仰，是一种认为自然物或自然力具有生命和巨大能力的信念。石崇拜，就是把石头超自然化。不论考古发现，还是远古时代的传说，都可以证实石崇拜的存在。

图2-4　泰山石敢当

　　这种石崇拜反映在建筑风俗上，即树石敢当碑，起着灵石镇宅的作用。"石敢当"有时也被刻成"泰山石敢当"。加上"泰山"两字，一是与远古的山崇拜有关，二是对山的崇拜中，泰山为东岳，东方主气，气生万物，故而最受尊敬。这样的结合，使石敢当具有更大的魅力。

　　随着信仰的深入与提升，石敢当的神威也从原先灵石镇宅的功能扩大到除灾招福、祈求平安、驱魔镇鬼、保佑一方安宁等。在我国许多地方，石敢当主要起着镇宅、避邪的功能。除了石敢当外，有的地方则竖石狮王以代替，同样起着石敢当的作用并另有侧重。在很多传说中，狮子同样有着消灾迎祥、驱魔镇鬼的作用，因此将石敢当和狮子相结合，可增强其神力和威严（见图2-4）。

三、斗拱与勾阑

斗拱，又称"枓栱"，是中国建筑中特有的一种建筑结构形式。它在立柱顶、额枋和檐檩间或构架间，从枋上面加一层层探出形成弓形而又承重的结构叫"拱"，建筑结构中的拱与拱之间垫的方形木块叫"斗"，二者合称"斗拱"。

斗拱是汉族建筑上特有的构件，由方形的斗、升、拱、翘、昂组成，是较大建筑物的柱与屋顶之间的过渡部分。其功用在于承受上部支出的屋檐，将其重量直接集中到柱上或间接地先纳至额枋上再转到柱上。从2000多年前战国时代采桑猎壶上的建筑花纹图案以及汉代保存下来的墓阙、壁画上，都可以看到早期斗拱的形象。中国古典建筑最富有装饰性的特征往往被皇帝据为己有，斗拱在唐代发展成熟后便规定民间不得使用。

斗拱最初孤立地置于柱上或挑梁外端，能够均匀传递梁的荷载于柱身，也能支承屋檐的重量以增加檐口向外伸出的宽度，增大遮风挡雨的范围。唐宋时，它与梁、枋结合为一体。除上述功能外，还成为保持木构架整体性的结构层的一部分。明清以后，斗拱的结构作用退化，成了在柱网和屋顶构架间主要起装饰作用的构件（见图2-5）。斗栱在中国木结构建筑的发展过程中起过重要作用，它的演变可以看成是中国传统结构建筑形制演变的重要标志，也是鉴别

图2-5　斗拱

中国传统木结构建筑年代的重要依据之一。

中国古建筑中的斗拱起着十分重要的承重和装饰作用。首先，斗拱位于柱与梁之间，从屋面到上层构架传递下来的重量通过斗拱传到柱子上面，再由承重柱传到基座上，因此斗拱起着承上启下、传递重量的重要作用。其次，斗拱向外挑出，可把最外沿的桁檩挑出相应一段距离，使建筑出檐更加深远美观，使建筑造型更加轻盈优美。同时，斗拱造型精巧，外形美观。在它成型之后的一段时间内，被作为构件基本尺度。后来的斗拱逐渐演变为建筑的装饰品，也成为区别其建筑等级的标志之一。

建筑斗拱采用的榫卯结合是抗震防震的关键要素之一。这种榫卯结构和现代框架结构有类似之处。构架的节点有缓冲之处，这样就保证了建筑物结构的协调性能。遇到地震时，采用榫卯结合的结构虽会"松动"但一般不会"散架"，使整个建筑在地震中的荷载大为降低，能起到抗震防震的作用。古建筑中屋顶挑檐采用斗拱形式的比没有使用斗拱的，在同样条件下抗震能力要强。建筑斗拱是榫卯结合的标准构件，是重量传递的重要"中介"之一。在过去，人们普遍认为斗拱是建筑装饰物，但历史和实验证明，斗拱把屋檐重量均匀地托住，起到了平衡稳定的重要作用。

勾阑即栏杆，古代称为"阑干"。横木为阑，纵木为干。勾阑具有防护安全、分隔空间、装饰台基的作用，主要用于台基较高、体制较高的建筑基座，也用于桥梁、湖岸等需要维护和美化的地方。早期的栏杆多为木制，后来逐渐使用石材。在台基的程式化演进中，各个时期的栏杆在造型格式上都有明显的不同。

例如，宋以前的木栏杆的寻杖多为通长，仅转角或结束处才立望柱。宋式石栏杆由零散的部件采用榫卯结构进行连接，望柱间距较大，寻杖细长。望柱直接落于台基之上，柱头所占比例小，显得格外细高。宋式栏杆整体样式风格为空透、纤细、轻快。清式石栏杆望柱间距较小，寻杖与面枋的距离缩小。望柱高度减小的同时又加大了望柱柱头的比例，望柱的断面为四边形，因此清式

栏杆整体样式的风格为粗壮、结实、厚重。①

园林建筑的栏杆形制比较自由，材料也更加丰富。石栏形体往往低而宽，沿桥侧或月台边布置，可兼作座凳。木、竹栏杆造型轻快灵巧，栏板部分变化极多。近水的厅、轩、亭、阁等常在临水一面设置带有曲线靠背的座椅，南方称之为"鹅颈椅""飞来椅""美人靠""吴王靠"，除了可以供人们休息外，还能增加建筑外观上的变化。此外，在建筑窗下的木制槛墙处，往往设置栏杆及护板，夏季除去护板还可通风。

最初作为遮挡物的栏杆，后经发展变化，逐渐款式丰富、雕刻精美，成了重要的装饰设置。在园林景观中，栏杆又起到隔景与连景的作用，功能似漏窗，形状似花墙。

四、屋顶与门窗

中国古代建筑的屋顶形式是非常丰富多彩的，也是最能体现中国古代建筑形式特征的元素。屋顶形式主要有庑殿顶、歇山顶、悬山顶、硬山顶、卷棚顶、攒尖顶、盝顶、单坡顶等。传统建筑的屋顶对建筑立面起着特别重要的装饰作用。屋顶多变的形式使建筑的体形和轮廓更加立体、清晰丰富，加上丰富多彩的陶瓦和琉璃瓦，使建筑产生了独特而强烈的视觉效果和与环境相统一的自然美感。

中国古代建筑屋顶的主要形式有下列几种：

1.庑殿式。庑殿式又称"四阿顶"，其屋顶是四面斜坡，有一条正脊和四条斜脊，且四个面都是曲面。重檐庑殿顶是古代建筑中最高级的屋顶样式，一般用于皇宫、庙宇中最主要的大殿。可用单檐或重檐，特别重要的建筑要用重檐，如著名的北京太和殿。

---

① 参见李之吉：《中外建筑史》，长春出版社 2007 年版，第 7 页。

图2-6　歇山顶

2.歇山顶。歇山顶的等级仅次于庑殿顶。它由一条正脊、四条垂脊和四条戗脊组成，故称"九脊殿"。其特点是把庑殿式屋顶两侧侧面的上半部突然直立起来，形成一个悬山式的墙面（见图2-6）。歇山顶常用于宫殿中的次要建筑和园林建筑中，也有单檐、重檐的形式。如北京故宫的保和殿就是重檐歇山顶。

3.悬山顶。悬山顶是两坡顶的一种，等级仅次于庑殿顶和歇山顶，是我国一般建筑（如民宅）中最常用的一种形式。其特点是屋檐悬伸在山墙以外，屋面上有一条正脊和四条斜脊，故又称"挑山"或"出山"（见图2-7）。

图2-7　悬山顶

4.硬山式。硬山式屋顶有一条正脊和四条垂脊。这种屋顶造型的最大特点是比较简单朴素，只有前后两面坡，而且屋顶在山墙墙头处与山墙齐平，没有伸出部分，山面裸露没有变化。

5. 攒尖顶。根据脊数多少，分三角攒尖顶、四角攒尖顶、六角攒尖顶、八角攒尖顶。此外，还有圆角攒尖顶，攒尖顶多作于景观建筑。

6. 卷棚顶。卷棚顶又称"元宝脊"，屋面双坡相交处无明显正脊，而是做成弧形曲面，多用于园林建筑中。

以木构架为结构体系的古代建筑充分发挥和应用木材质地轻、强度高、弹性好、纹理美的优点，制成了建筑的梁架、立柱与门窗。这些构件在制作加工中都进行了不同程度的技术和艺术的处理，从而使自然的木材具有了美的形式，形成在建筑上的木文化。其中门窗由于所处部位的显著而成为表现木文化的重要部分。常见的有板门、格扇、风门、槛窗、支摘窗、横披等式样，其中以格扇最常见。古代建筑以梁柱木结构为主，墙一般不承重，所以廊柱内柱与柱之间一般安装格门或格扇代替墙面，多为六扇或八扇，既通风、采光、装饰，又与外界隔断。

木材制作的门窗经过古代工艺匠师们的制作加工，成了一种木文化的工艺作品。在这些各种式样的门窗上我们既可以观赏到华贵的宫廷文化、清雅的文人士大夫文化，也可以见识到生动活泼的市井大众文化和乡土文化（见图 2-8）。不同地区的建筑有着不同的风格，门窗的式样也情趣大异。福建和广东一带，人们喜好在建筑上大施彩绘，所以闽粤地区出产的门窗常以彩漆绘制并加以纯金涂饰。在色调以青灰为主的江南水乡一带，人们以清新淡雅为美，因此江南一带的门窗少有彩绘，往往以木质本色示人。

图 2-8　垂花门

五、踏跺与墙垣

踏跺，即古建筑中的台阶，一般用砖或石条砌造，置于台基与室外地面之间。踏跺通常有阶梯形踏步和坡道两种类型。这两种类型根据形式和组合的不同又可分为：

1. 御路踏跺。御路，指为皇帝专设的或在特定活动中供其专门使用的大道，位于宫殿中轴线上台基与地坪以及两侧阶梯间的坡道，常用于宫殿与寺庙建筑。这种台阶中的斜道又称"辇道""御路""陛石"，坡度很缓，是用来行车的坡道，通常与台阶形踏步组合在一起使用，古称为"御路踏跺"。

图 2-9　垂带踏跺

2. 垂带踏跺。在踏跺的两旁设置垂带石的踏道，最早见于东汉的画像砖（见图 2-9）。

3. 如意踏跺。有的台阶不做垂带，踏步条石沿左、中、右三个方向布置，人可沿三个方向上下，这种台阶称为"如意踏跺"，一般用于住宅和园林建筑中。

4. 坡道或慢道。是用砖石露棱侧砌形成斜坡道，可以防滑，一般用于室外高差较小的地方。

我国古建筑大多为木构架，在木构架的下部四围有一层维护结构，就是墙体。我国古建筑的墙体材料主要有土、石、砖。土、石、砖在具体的建造墙体中根据砌法的不同、外观形象的不同、装饰的不同，而产生出丰富多变的墙体形式，有檐墙、看面墙、扇面墙、包框墙、廊墙、风火墙、马头墙、干摆墙、磨砖对缝墙、

空心斗子墙、花式砖墙等。除了维护个体建筑的墙体外，还有一些独立的墙面，如影壁、回音壁等，更是丰富了墙的种类与形式。

在有窗子的建筑墙面上，由地面到窗槛下的矮墙叫"槛墙"。槛墙在宫殿、庙宇等建筑中多用黄绿琉璃砖拼砌，而一般住宅则多用砖、石、泥土砌筑。相对来说，北方较多使用砖石砌筑，而南方则多用板壁或夹泥墙。[①]

空心砖墙多见于我国南方建筑，是砖砌墙体中的一种，又称"空斗墙""斗子墙"。空心砖墙是指墙的两边用砖立砌，中间部分空出，空出部分多填上碎砖、泥土之类看似无用的材料。这样的空心砖墙，具有明显的节约材料的特点，非常经济实用。但它的稳固性却并不因此而变差，有时候这样的空心砖墙还可以作为荷载墙。同时，空心砖墙还具有良好的隔声隔热性能。

砖花墙是花式砖墙的一种，是整面墙全部作为透空花样制作区域的花式砖墙。它就像是一个透空的大框，框内用砖瓦砌出各种花纹图案，实际上相当于一段砖砌的栏杆。

包框墙多用于影壁、看墙、门墙。其墙体的门肩、墙顶、壁身两侧，四边作实砌砖墙，形象就如一个镜框。框内为壁心，略为收进，壁心可砌成实砖墙、碎砖墙、土坯墙、空斗墙等不同材料形式。壁心表面可以不做粉刷而自然暴露出墙壁材料，也可以粉刷或抹灰，有的还有雕刻等装饰。包框墙在明清时期非常盛行。

马头墙，也叫"叠落山墙"。山墙高出屋面，并随着屋面的坡度层层叠落，因为其叠落的部分看起来略似马头，所以称为"马头墙"（见图2-10）。

影壁，又称"照壁""照墙"，是设在建筑门外或院落大门里面的一面墙壁，面对大门，起到屏障的作用。同时，它也是一种极富装饰性的墙壁。一般来说，影壁在造型上和普通的墙壁没有多大区别，从上到下可以分为壁顶、壁身、壁座三个部分。从建筑材料上来分主要有琉璃影壁、石影壁、砖影壁、木影壁等几种。

① 参见王其钧：《中国建筑图解词典》，机械工业出版社2007年版，第15页。

图 2-10　马头墙

六、天 井

　　天井是对宅院中房与房之间或房与围墙之间所围成的露天空地的称谓，即四面有房屋、三面有房屋而另一面有围墙或两面有房屋而另两面有围墙时中间的空地。天井是我国南方房屋结构中的重要组成部分，一般为单进或多进房屋中前后正间中的空地，两边由厢房包围，宽与正间相同，进深与厢房等长，地面用青砖嵌铺。因面积较小、高屋围堵而显得较暗，状如深井。

　　天井住宅的基本形式有两种：一种是由三面房屋一面墙组成，正屋三开间居中，两边各为一开间的厢房，前面为高墙，墙上开门。浙江一带将这种形式称为"三间两搭厢"。也有正房不止三开间，厢房不止一间的，按它们的间数分别称为"五间两厢""五间四厢""七间四厢"等。中央的天井也有随着间数的加多而增大。另一种是四面都是房围合而成的天井院，浙江一带称为"对合"。正房称为"上房"，隔天井靠街的称为"下房"，大门多开在下房的中央开间。

无论是三间两搭厢还是对合，主要部分都是正房。正房多为三开间。一层的中央开间称作"堂屋"，是一家聚会、待客、祭神拜祖的场所，因而是全宅的中心。堂屋的开间大，前面空敞，不安门窗和墙，使堂屋空间与天井直接联通，利于采光与空气流通。

天井面积不大，却有着住宅内部的采光、通风、聚集和排泄雨水以及吸除尘烟的多种功能。由于天井四面房屋门窗都开向天井，在外墙上只有很小的窗户，所以房屋的采光都来自天井。四面皆为两层的房屋合成的天井高而窄，具有近似烟囱的作用，能够排除住宅内的尘埃与污气，增加内外的空气对流。天井四周房屋屋顶皆向内坡，雨水顺屋面流向天井，经过屋檐上的雨水管排到地面经天井四周的地沟泄出屋外。狭小的天井能防止夏日的暴晒，使住宅保持阴凉。阴雨天气，由于通风好，也不会觉得阴湿；大雨天，天井里雨声淅沥，更有"卧听雨打芭蕉"的意境。有心的主人还在天井内设石台，置放几盆花木石景，更使这小天地富有生活情趣了（见图2-11）。

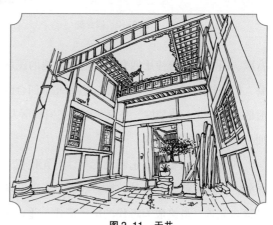

图2-11　天井

七、北方四合院

四合院，又称"四合房"，是中国传统合院式建筑。因为这种民居由正房、倒座房、东厢房和西厢房四座房屋在四面围合，形成一个口字形，里面是一个中心庭院，所以这种院落式民居被称为"四合院"（见图2-12）。四合院通常为大家庭所居住，

图 2-12　四合院

提供了对外界比较隐密的庭院空间。其建筑格局体现了中国传统的尊卑等级思想以及阴阳五行学说。

四合院在中国有相当悠久的历史，在中国建筑史中占有重要的地位。在历史发展过程中，中国人特别喜爱四合院这种建筑形式，不仅宫殿、庙宇、官府使用四合院，而且各地的民居也广泛使用四合院。不过，只要人们一提到四合院，便自然会想到北京四合院。北京四合院，天下闻名。旧时的北京，除了紫禁城、皇家苑囿、王府衙署及寺观庙坛外，大量的民居建筑，便是百姓居住的四合院。

四合院的历史则要追溯到元代。自元代正式建都北京、大规模规划建设都城始，四合院就与北京的宫殿、衙署、街区、坊巷和胡同同时出现了，经过后期逐步完善，最终成为近代的民居形式。北京四合院作为老北京人世代居住的主要民居建筑形式，是中国封建社会城市民居规范化的典型代表。四合院虽为居住建筑，却蕴含着深刻的文化内涵，是中华传统文化的重要载体。[①]

北京正规四合院一般因东西方向的胡同而坐北朝南，基本形式是分居四面的北房（正房）、南房（倒座房）和东、西厢房，四周再围以高墙形成四合，开一个门，大门辟于宅院东南角"巽"位。房间总数一般是北房 3 正 2 耳 5 间，东、

---

① 参见王其钧：《中国建筑图解词典》，第 181 页。

西房各3间,南屋不算大门4间。院中的北房是正房,正房建在砖石砌成的台基上,比其他房屋的规模大,是院主人的住室。院子的两边建有东、西厢房,是晚辈们居住的地方。在正房和厢房之间建有走廊,可以供人行走和休息。四合院的围墙和临街的房屋一般不对外开窗,院中的环境封闭而幽静。

北京四合院的东、西、南、北四个方向的房屋各自独立,东、西厢房与正房、倒座的建筑本身并不连接,而且正房、厢房、倒座等所有房屋都为一层,没有楼房,连接这些房屋的只是转角处的游廊,起居十分方便。封闭式的住宅使四合院具有很强的私密性,关起门来自成天地;院内,四面房门都开向院落,一家人和美相亲,其乐融融。宽敞的院落中还可植树栽花、饲鸟养鱼、叠石选景,让居住者尽享大自然的美好。

四合院虽有一定的规制,但规模大小却有不等,大致可分为大四合、中四合、小四合三种。中型和小型四合院一般是普通居民的住所,大四合院则是府邸、官衙用房。

小四合院一般是北房3间,一明两暗或者两明一暗。东、西厢房各2间,南房3间。可居一家三辈,祖辈居正房,晚辈居厢房,南房用作书房或客厅。院内为砖铺甬道,连接各处房门,各屋前均有台阶。大门两扇,黑漆油饰,门上有黄铜门钹一对,两侧一般贴有对联。

中四合院比小四合院宽敞,一般是北房5间,3正2耳,东、西厢房各3间,房前有走廊以避风雨。另以院墙隔为前院(外院)、后院(内院),院墙以月亮门相连通。前院进深浅显,以一二间房屋当门房,后院为居住房,建筑讲究,院内以青石作阶。

大四合院习惯上称作"大宅门",房屋设置可为五南五北,甚至还有9间或者11间大正房,一般是复式四合院,即由多个四合院向纵深相连而成。院落极多,有前院、后院、东院、西院、正院、偏院等。院内均有抄手游廊连接各处,占地面积极大。如果可供建筑的地面狭小,四合院又可改盖为三合院,不建南房。

经历数千年的时光岁月，作为民居代表之一的四合院不仅很好地体现了我们民族传统的文化思想，还充分体现了传统的空间意识和环境观，即人、建筑、环境三者之间的关系，体现了古代人对聚居环境从功能到精神的追求，成为居住建筑的一朵奇葩。

八、闽南围屋

围屋主要分布于我国的福建，福建简称"闽"，闽南即指我国福建南部。围屋，顾名思义，即围起来的房屋。如果要给围屋一个作简明的定义，最恰当的应该是：集祠、家、堡于一体，具有鲜明防卫特征的封闭式客家民居。闽南围屋与北京四合院、陕西窑洞、广西"干阑式"、云南的"一颗印"一起被中外建筑学界称为"中国五大特色民居建筑"。

闽南围屋至今已有数百年的历史，这种建筑形式结合了中原古朴遗风以及南部山区的文化特色，是中国五大民居特色建筑之一。它又可以细分为围楼、土楼、碉楼、四角楼、围龙屋、五凤楼等具体形式。这些建筑形式都符合广义围屋的概念，本质上是一脉相承的。闽南围屋以其特有的魅力成为了中国建筑史上一颗璀璨的明珠。它结构神巧，功能齐全，规模宏大，被誉为世界上独一无二的民居建筑奇葩。

闽南围屋以福建一带的土楼最具代表性。（见图2-13）福建土楼产生于宋元，成熟于明末、清代和民国时期。土楼是中原汉民即客家先民沿黄河、长江、汀江等流域历经多次辗转迁徙后，将远古的生土建筑艺术发扬光大并推向极致的特殊产物。客家土楼建筑是中国建筑文化中一种纵贯古今的结晶，是落后的生产力和发达的文明两者的奇特融合。它们在建造技术和功能上臻于完善，在造型上具有高度的审美价值。

永定是福建拥有最多的土楼的地区，这种世界上独一无二的神奇的山区民居建筑，以其悠久的历史、奇特的风格、巧妙的构筑、恢宏的规模、丰富的内涵著称于世，具有极高的历史、艺术和科学价值，被誉为世界民居

图 2-13 闽南围屋

建筑的奇观。以永定客家土楼为代表的围屋建筑具有极其鲜明的地域特色。

1. 充分的经济性。客家土楼的主要建筑材料是黄土和杉木。在客家人聚居的闽南地区，这两种材料取之不尽。特别是黄土，它取自山坡，因而不存在破坏耕地问题。旧楼若须拆除重建则墙土可以重复使用，或用于农作物肥料，不会产生像现代砖石或混凝土房屋那样大量的建筑垃圾。

2. 良好的坚固性。客家土楼，特别是圆寨的坚固性最好。圆筒状结构能极均匀地传递各种荷载，同时外墙底部最厚，往上渐薄并略微内倾，形成极佳的预应力向心状态，遇到一般的地震或地基不均匀下陷的情况，土楼整体不会发生破坏性变形。另外，土墙内部埋有竹片木条等水平拉结性筋骨，即便土墙因暂时受力过大而产生裂缝，整体结构也并无危险。土楼最大的威胁之一是水袭，因此绝大多数土楼都用大块卵石筑基，其高度设计在最大洪水线以上。土墙在石基以上夯筑，墙顶则设出挑达 3 米左右的大屋檐，以确保雨水被甩出墙外。

3. 奇妙的物理性。客家土楼的墙体厚达 1.5 米左右，因而热天可以防止酷暑进入，冷天可以隔绝洌风侵袭，楼内形成一个夏凉冬暖的小气候。十分奇妙的是，厚实的土墙具有其他任何墙体无法相比的对水分的含蓄作用。在闽、粤、赣三省交界地区，年降雨量多达 1800 毫米，并且往往骤晴骤雨，室外干湿度

变化极大。在这种气候条件下，厚土能保持适宜人体的湿度，环境太干时，它能够自然释放水分；环境太湿时，又能吸收水分，这种调节作用显然十分有益于居民健康。

4.突出的防御性。过去客家人除了经常遭遇民风强悍的土著袭击外，先后迁移姓氏不同的家族之间也不断发生殊死的械斗。恶劣的生存环境迫使家客家人极其重视防御，他们将住宅建造成一座易守难攻的设防城市，聚族而居，使客家人获得了足够的安全保障。客家土楼的厚墙是最重要的特征之一，是中国传统住宅内向性的极端表现。以常见的四层土楼为例，底层和二层均不辟外窗，三层开一条窄缝，四层大窗，有时四层加设挑台。土墙的薄弱点是入口，加强措施是在硬木厚门上包贴铁皮，门后用横杠抵固，门上置防火水柜。这些措施都是出于防御的要求。[①]

所幸这个时代的包容，我们依然可以找到住在围屋里的人们，可以亲身体验围屋的生活，那些古旧的木板、石板淡泊地经历着历史的变迁和洗涤，也沉淀着一个民族的过往和精神。

九、陕北窑洞

人类自结束筑巢而栖的高空生活后，择洞而居成为繁衍生息的最佳途径。窑洞成为黄帝子孙繁衍生息、创造灿烂文化的地方。作为中国西北黄土高原居民的古老居住形式，这种"穴居式"窑洞的历史可以追溯到4000多年前。陕北地区山高沟深，万壑纵横，深厚的黄土和丰富的砂石为建造窑洞提供了得天独厚的自然条件。我国西北人民创造性地利用高原有利的地形，凿洞而居，创造了被称为"绿色建筑"的窑洞建筑（见图2-14）。

---

① 参见张福俊：《福建客家土楼》，《地理教育》2008年第2期。

雕梁画栋
中国传统建筑文化

陕北窑洞是人类定居方式的活化石。陕北窑洞最早应该始于周代,属于半地穴式;秦汉后发展为全地穴式,就是现在的土窑;明朝中叶开始用石块作窑面墙;明末清初,当地人仿土窑模式建起了石砌窑

图 2-14 陕北窑洞

洞。现在出现了分割厅室上、下两层楼房式的新式窑洞,住着更加舒适宜人。

陕北的窑洞是依山势开凿出来的拱顶的窑洞。由于黄土本身具有直立不塌的特质,而拱顶的承重能力又比平顶要好,所以窑洞一般都采取拱顶的方式来保证它的稳固性。窑洞是黄土高原的产物,具有十分浓厚的民俗风情和乡土气息,成为陕北劳动人民的象征。受自然环境、地貌特征和地方风俗的影响,窑洞形成了三种主要形式:靠崖式窑洞、下沉式窑洞、独立式窑洞。

靠崖式窑洞有靠山式和沿沟式,常呈曲线或折线形排列,有和谐美观的建筑艺术效果。在山坡高度允许的情况下,有时会在山坡上布置几层台梯式窑洞,颇似现代的楼房。

下沉式窑洞就是地下窑洞,主要分布在没有山坡、沟壁可利用的黄土地区。这种窑洞的建造方法是:先就地向下挖一个方形地坑,然后向四壁凿出窑洞,形成一个四合院。人在平地,只能看见地院里的树梢,看不见房屋。[1]

独立式窑洞是一种掩土的拱形房屋,有土坯拱窑洞,也有砖拱、石拱窑洞。

---

[1] 参见王其钧:《中国建筑图解词典》,第179页。

这种窑洞无须靠山依崖，能够自身独立，又不失窑洞的优点。可为单层，也可建成为楼。若上层也是箍窑即称"窑上窑"；若上层是木结构房屋则称"窑上房"。

窑洞建筑最大的特点就是冬暖夏凉。传统的窑洞从外观上看是圆拱形，虽然很普通，但是在单调的黄土背景下，圆弧形显得轻巧活泼。这种源自自然的形式体现了传统思想中"天圆地方"的观念。另外，圆拱形设计给居民的生活提供了很多便利。门洞处高高的圆拱加上高窗在冬天可以使阳光进一步深入到窑洞的内部，方便人们充分利用太阳辐射；而且窑洞的内部空间也是拱形的，加大了内部的竖向空间，使人们感觉开敞舒适。

窑洞作为中国北方黄土高原地区最具代表性的民居，蕴含着北方民族穴居的历史遗风。陕北人在不断改变着窑洞，窑洞也在潜移默化地影响着陕北人。在这块贫瘠土地上生活着的陕北人，创造了具有陕北特色的历史文化，有黄土的深厚，也有大漠的宽广；有黄河的奔腾，也有长城的威严。

十、云南吊脚楼

在云南，吊脚楼也叫"吊楼"，是中国苗族、壮族、布依族、侗族、水族、土家族等居住在南方山区的少数民族的传统民居。吊脚楼属于干阑式建筑，但与一般的干阑式建筑有所不同。一般的干阑式建筑全部都是悬空的，而吊脚楼多依山就势而建，所以吊脚楼被称为"半干阑式建筑"。吊脚楼一般分上、下两层：上层通风、干燥、防潮，作为居室；下层是猪牛栏圈或用来堆放杂物（见图2-15）。

吊脚楼源于古代的干阑式建筑，是鄂、湘、渝、黔土家族地区普遍使用的一种民居建筑形式，距今已有4000多年的历史。它作为一种特殊的物质文化现象，全方位地反映出云南少数民族的历史发展、文化心态和创造才能。除具有很强的实用功能外，还具有一定的审美特征。苗族吊脚楼是干阑式建筑在山地条件下富有特色的创造，属于歇山式、穿斗挑梁、木架干阑式楼房。从历史来看，苗族的建筑文化

可以追溯到上古时期。河姆渡文化和良渚文化的考古发现证实，苗族先民的民居就是干阑式建筑。

吊脚楼依山而建，用当地盛产的杉木搭建成两层楼的木构架，柱子因坡就势、

图2-15　云南吊脚楼

长短不一地架立在坡上。吊脚楼除了屋顶盖瓦以外，上上下下全部用杉木建造。屋柱用大杉木，在其上凿眼，柱与柱之间用大小不一的杉木斜穿直套连在一起，不用一个铁钉也十分坚固。房子四壁用杉木板开槽密镶，讲究的里里外外都涂上桐油，干净又亮堂。房子四周还有吊楼，楼檐翘角上翻如展翼欲飞。吊脚楼底层不宜住人，主要用来饲养家禽，放置农具和重物。第二层是饮食起居的地方，内设卧室，外人一般不入内。卧室的外面是堂屋，设有火塘。一家人围着火塘吃饭，宽敞方便。由于有窗，光线充足，通风也好，家人多在此做手工活、休息，或接待客人。堂屋的另一侧有一道与其相连的宽宽的走廊，廊外设有半人高的栏杆，内有一大排长凳，家人常居于此休息。第三层透风干燥，十分宽敞，除作居室外，还隔出小间用于储粮存物。

吊脚楼的形式多种多样，其主要类型有：

单吊式。单吊式是最普遍的一种形式，有人称之为"一头吊"或"钥匙头"。它的特点是只有正屋一边的厢房伸出悬空，下面用木柱相撑。

双吊式。双吊式又称"双头吊"，是单吊式的发展，即在正房的两头皆有吊出的厢房。采用单吊式和双吊式并非取决于地域地形，而是主要看经济条件和家庭需要。单吊式和双吊式常常共处一地。

　　四合水式。这种形式的吊脚楼是在双吊式的基础上发展起来的。它的特点是：将正屋两头厢房吊脚楼部分的上部连成一体，形成一个四合院，两厢房的楼下即为大门，这种四合院进大门后还必须上几步石阶才能进到正屋。[①]

　　二屋吊式。这种形式是在单吊式和双吊式的基础上发展起来的，即在一般吊脚楼上再加一层。单吊、双吊均适用。

　　平地起吊式。这种形式的吊脚楼也是在单吊的基础上发展起来的，单吊、双吊皆有。它的主要特征是：建在平坝中，按地形本不需要吊脚，却偏偏将厢房抬起，用木柱支撑。支撑用木柱所落地面和正屋地面平齐，使厢房高于正屋。

　　吊脚楼是建筑群中的小家碧玉，小巧精致，清秀端庄，古朴之中呈现出契合大自然的大美。它是一个令人忘俗的所在，散发着生命的真纯，没有一丝喧嚣与浮华。身临其境，俗世的烦恼会烟消云散，困顿的胸怀会爽然而释。

　　民居建筑作为人类文明的最大承载体，是了解一个民族文化体系的捷径。当承载在传统建筑上的大量地缘特征和文化记忆被钢筋混凝土的现代建筑毫不留情地抹去的时候，我们已经很难像过去那样，通过观察一个地方的建筑来判断它的地理和文化区域。然而吊脚楼这种古老的半干阑式建筑，时至今日仍为广大西南地区的少数民族人民所使用。

---

　　① 参见孙晔：《浅谈湘西吊脚楼传统艺术风格》，《今日湖北》2013年第3期。

第三章

宫殿花园

宫殿是古建筑中最高级、最豪华的一种类型，是封建帝王专有的建筑场所。"宫"，秦以前是居住建筑的通用名称；"殿"，原指大房屋。秦汉以后，"宫殿"成为帝王居所中重要建筑的专用名。"宫"主要指帝王生活起居的地方；"殿"指帝王朝政的场所。中国历朝历代都耗费大量的人力、物力、财力，使用当时最成熟的技术和艺术来营建这些宫殿建筑。因此，在一定程度上，宫殿建筑能反映一个时期的最高建筑成就，是中国传统建筑文化的主要类型。

宫殿建筑除了具有最基本的居住、办公、游乐功能之外，还具有重要的象征功能。它象征着至高无上的皇权，是最高政治权威的表征。宫殿建筑反映了鲜明的等级观念，从建筑装饰上看，宫殿建筑等级制十分明显，门窗、屋顶、藻井天花、和玺彩画都为中国古建筑中的最高等级。

在周代，宫殿建筑的布局就有了比较完整的规制，前朝后寝、三朝五门制基本形成，对后来的宫殿建筑布局产生了深远的影响。隋代以后的宫城，大多模仿周制，设立三朝。为了表现君权受命于天和以皇权为核心的等级观念，宫殿建筑采用严格的中轴对称的布局方式。中轴线上的建筑高大华丽，轴线两侧的建筑低矮简单。这种明显的反差体现了皇权的至高无上，中轴线纵长深远更显示了帝王宫殿的尊严华贵。世界各国的建筑中，唯独我国对此最强调，成就也最突出。

宫殿建筑中的"左祖右社"体现了中国礼制思想中崇敬祖先、提倡孝道、祭祀土地神和粮食神的重要思想。所谓"左祖"，是指在宫殿左前方设祖庙，祖庙是帝王祭祀祖先的地方，因为是天子的祖庙，也称"太庙"；所谓"右社"，是在宫殿右前方设社稷坛，社为土地，稷为粮食，社稷坛是帝王祭祀土地神、五谷神的地方。

中国古代宫殿普遍采用"前朝后寝"的格局。宫殿的布局一般分前、后两部分。前朝是帝王上朝治政、举行重大典礼、朝贺和宴请的地方；后寝是皇帝与后妃们生活居住的寝宫，内有御花园等供其享用。如北京故宫，以三大殿为主体的南部是"前

朝"，乾清门以北则属于以生活起居、日常活动为主的后寝。春秋战国时期，宫殿建造盛行高台建筑，以台阶形的夯土台为核心，逐层建造木构房屋。高台建筑充分利用夯土台来扩大建筑的体量感，克服了木构架建筑体量受限的缺点，使建筑显得高大雄伟。直到明清时期，主要殿堂仍然建在高大的台基之上。

宫殿建筑是帝王权威和统治的象征，社会统治思想和典章制度对宫殿的布局有着深刻的影响。宫殿建筑在基址选择、群体布局、色彩装饰等方面都富有特色和创造性。另外，将都城与宫城连成一体的规划部局，赋予了帝王宫殿雄壮宏伟的气魄，营造了帝王宫殿至高无上的艺术效果。

一、宫殿建筑

宫殿是我国古代最显要的建筑物。这些运用当时最成熟的技术和艺术来营建的建筑，是帝王权威和统治的象征，封建典章制度对其布局有着深刻的影响（见图 3-1）。

图 3-1　故宫宫殿

中国古代宫殿建筑的发展大致经历了四个阶段：

1. 夯土筑基、茅草盖顶的原始阶段。考古中发掘的河南偃师二里头夏代宫殿遗址、安阳殷墟商代晚期宫室遗址，都出现了夯土台基却无瓦片的遗存，这说明夏商两代尚未发明砖瓦，仍处于茅草盖顶的原始阶段。

2. 盛行高台宫室的阶段。春秋战国时期，砖瓦广泛使用于宫殿建筑，各诸侯国竞相建造高台宫室。春秋战国时期的建筑色彩已经很是富丽，配以灰色的筒瓦屋面，使宫殿建筑摆脱了简陋的原始阶段，进入一个崭新的时期。

3. 宏伟的前殿建筑和宫苑相结合的阶段。秦统一中国后，在咸阳建造了规模空前的宫殿，分布在关中平原：渭水之北有旧咸阳宫、新咸阳宫和仿照六国式样的宫殿；渭水之南有信宫、兴乐宫和后期建造的朝宫——阿房宫的前殿；骊山有甘泉宫；此外还有许多离宫散布在渭南的上林苑中。西汉时，汉武帝大兴土木建造宫殿。各宫都围以宫墙，形成宫城，宫城中又分布着许多自成一区的"宫"。这些宫与宫之间布置有池沼、台殿、树木等，格局较自由，富有园林气息。

4. 纵向布置阶段。商周以后，天子宫室都有处理政务的前朝和生活居住的后寝两大部分。前朝以正殿为中心组成若干院落。但汉、晋、南北朝都在正殿两侧设东、西厢或东、西堂，备日常朝会及赐宴等用，三者横列。至隋文帝营建新都大兴宫，追随周礼制度，纵向布列"三朝"：广阳门为大朝，元旦、冬至、万国朝贡在此行大朝仪；大兴殿则朔望视朝于此；中华殿是每日听证之所。唐高宗迁居大明宫，仍沿轴线布置含元、宣政、紫宸三殿为"三朝"。北宋元丰后汴京宫殿以大庆、垂拱、紫宸三殿为"三朝"，但由于地形限制，三殿前后不在同一轴线上。元大都宫殿与周礼传统不同，中轴线前后建大明殿与延春阁两组庭院应是蒙古习俗的反映。明初，朱元璋刻意复古，南京宫殿仿照"三朝"作三殿（奉天殿、华盖殿、谨身殿），并在殿前作门五重（奉天门、午门、端门、承天门、洪武门）。其使用情况为大朝及朔望常朝都在奉天殿举行；平日早朝则

在华盖殿。[1]明朝宫殿比拟古制，除"三朝五门"之外，按周礼"左祖右社"在宫城之前东西两侧置太庙及社稷坛。

二、前朝后寝

中国宫殿建筑为建筑之精华，是古代皇帝为了巩固自己的统治、突出皇权的威严、满足精神生活和物质生活的享受而建造的规模宏大、气势雄伟的建筑物。这些建筑大都金玉交辉、巍巍壮观。古代宫殿建筑采取严格的中轴对称的布局方式，古代宫殿建筑物自身也被分为两部分，即"前朝后寝"："前朝"是帝王上朝治政、举行大典之处，"后寝"是皇帝与后妃们居住生活的地方。

洛阳偃师二里头商代早期宫殿遗址是现知最早的宫殿。该宫殿以廊庑围成院落，前沿建宽大院门，轴线后端为殿堂。殿内划分出开敞的前堂和封闭的后室，屋顶可能是四阿重屋（即庑殿重檐）。整个院落建筑在夯土地基上。此后，前朝后寝成了长期延续的宫殿布局方式。

以汉代未央宫为例。据《西京杂记》记载，未央宫有台殿四十三，其中三十二在外，其十一在后宫；有池十三，山六，池一，山二亦在后宫。大约在前殿以北布置后宫十四殿，以皇后所居的椒房殿为主，周以昭阳，飞翔，增城，尚有织室，暴室，凌室等以备日常供应；有天禄、石渠二阁藏典籍。前殿和西掖庭宫之西则是以沧池为主的园林。未央宫以前殿为中心，以包括宫中园林的后宫为依托，总体构成前朝后寝，再加上左右众小宫衬托主要宫院的气势，将前殿建筑推上顶峰。

故宫宁寿宫区也分前朝、后寝南北两部分。前朝以皇极殿为重心，仿乾清宫的规制；后有宁寿宫，仿坤宁宫的规制。在乾隆之前为皇太后居所，明代有

---

① 参见潘谷西：《中国建筑史》，第116页。

仁寿宫等宫殿,清康熙二十八年(1689年)改建为宁寿宫。从乾隆三十六年(1771年)至乾隆四十一(1776年)历时5年,新宫建成。为乾隆皇帝在位60年后归政养老所建,是中国唯一现存的太上皇宫。宁寿宫花园(后称"乾隆花园")是宁寿宫的点睛之笔,在长160余米、宽不足40米,南北狭长的地带里,巧妙构思,规整中见变化,融南北造园风格于一体,博采众家之长,显示出高超的造园艺术水平。

三、台基柱础

台基是高出地面的建筑物底座,用以承托建筑物,并使其防潮、防腐,同时可弥补中国古建筑单体建筑不甚高大雄伟的欠缺。中国古建筑对台基的使用不仅历史悠久,范围亦十分广泛,上自宫殿,下至民宅,都可见到它的存在(见图3-2)。

图3-2 故宫台基

从实用性的角度看,台基的一大功能是防潮隔湿:高于室外地坪的基身,其主要部分是用多层夯土或夯土层与碎砖瓦石块层交互重叠、夯筑而成,这种做法可以有效地阻止地下水分的上升。基身与室外地坪间的落差减少了地面水侵入室内的可能性,从而保证建筑的室内有一个较为干燥的环境,适合人们的居住和使用,同时也保护了台基上的木构架,使木构架不会因水的侵蚀而腐烂。

中国古建筑的台基部分在其数千年的发展过程中形成两大系列:方形台基、须弥座。前一种为中国土生土长的台基,后一种则是佛教文化影响下的产物。

无论是方形台基或须弥座均由两部分构成，即基身和台阶。基身直接承托屋身，台阶供人上下。

普通台基一般用素烧灰土、碎砖石、三合土夯筑而成，高一尺，常用于一般建筑。高级台基比普通台基高，常在台基上面安装汉白玉栏杆，多用于大型建筑或宫殿建筑中的一般建筑。须弥座，又称"金刚座"，多用砖或石砌制而成，石面上有凹凸线脚和装饰图案，台座上建有汉白玉栏杆。须弥座是台基中的最高等级。在封建社会里，须弥座只能使用于皇宫宫殿、寺院、道观等及一些重大纪念性建筑上。最高级的台基则由几个须弥座叠制而成，它使建筑物显得宏伟高大、显贵崇高，常见于宫殿、庙宇等重要建筑物上，如故宫三大殿和天坛祈年殿等处。

柱础，俗称"柱础石"，是古代建筑构件的一种。它是承受屋柱压力的基石。凡是木架结构的房屋，可谓柱柱皆有，缺一不可。古代人为使落地屋柱不潮湿腐烂，往往在柱脚上添上一块石墩，这样就使柱脚与地坪隔离开来，起到了防潮作用，同时也加

图3-3 柱础

强了柱基的承压力（见图3-3）。因此，古代建筑中对础石的使用十分重视。

柱础作为传统建筑中最基本的构件，因功能上的需求而产生；当其发展成熟后，逐渐形成了柱子的收头，使单调平直的柱身产生视觉上之变化。宋、元以前比较讲究柱础的雕刻，有莲瓣、蟠龙等纹样，以后则多为素平"鼓镜"，但民间建筑花样很多。后人逐渐将柱础演化为带有美观功能的装饰，特别是安在正厅檐廊下的几只柱础，不仅造型各异，而且雕刻各式精致图案，成为艺术珍品，以烘托房屋构筑规格的高雅和装饰的豪华。柱础造型的演变是中国古代建

筑装饰艺术发展的一个缩影，是中国几千年建筑艺术中不可或缺的闪光点。由于柱础的位置容易引人注目，故其造型也要求自然生动。各朝各代在柱础上雕刻，留下了他们各自的审美见解和历史印记。明、清两代的柱础基本一致，与建筑物的其他部分相比，柱础似乎更显简朴。在一些高等级的建筑中，北方多用扁平状的古镜式柱础，南方则用较高的鼓状柱础。北方与南方柱础形状的不同完全是地域环境、民俗文化使然。

柱础大致经历三个发展阶段：一是在柱下铺垫卵石，不露明；二是让础石上升到地面来，成为整个立柱的外观形象部分，但没有装饰；三是在础石上安装柱座，础石周围加以精雕细刻进行装饰。

柱础的形制可大致分为以下五种：

覆盆式：整体形制有如一个倒扣在地上的盆，下口大，上口小。根据其上是否有雕刻装饰，又分为素面和雕饰两种。

覆斗式：像一个倒扣在地上的"斗"。斗是古代屋顶建筑中的一个重要的构件，与拱结合称为"斗拱"。

鼓式：整个柱础形如一只大鼓，鼓身上多满布雕饰。

基座式：较为常见的一种柱础形制，多用须弥座，座的上、下有枋，中段为收缩进去的束腰，整体造型端庄。

复合式：是以上四种形式的组合，应用广泛。

四、天花与彩画

中国传统建筑中，室内一般都设置有顶棚，它可以美化装饰，使室内看起来更加整洁、漂亮，也可以防止梁架挂灰落土。在屋顶较简、薄的建筑物中设置顶棚，还能起到冬季保暖、夏季隔热的作用。这种室内的顶棚在中国古代建筑中称为"天花"，宋代叫"平棋"，清式建筑中称为"井口天花"。天花在建筑物内的功能是遮蔽梁柱以上的部位。天花的做法和装饰丰富多彩，在使用上也非常的讲究，有不同的等级之分。天花的基本形式，是用木条做成若干方格，然后在上面铺板，上面可以做各种装饰，一般采用彩绘或雕刻。

图 3-4　藻井天花

天花是遮蔽建筑内顶部的构件，而建筑内呈穹窿状的天花则称作"藻井"（见图 3-4）。这种天花的每一方格为一井，又饰以花纹、雕刻、彩画，故名"藻井"。清代时的藻井多以龙为顶心装饰，所以藻井又称为"龙井"。藻井与普通天花一样都是室内装饰的一种，但藻井只能用于最尊贵的建筑物。藻井的形式有四方、八方、圆形等，构造复杂而丰富饱满。有的藻井各层之间使用斗拱，雕刻精美，具有很强的装饰性；有的藻井则不用斗拱，而以木板层层叠落，既美观而又简洁大方。①

彩画是中国古建筑中最具特色的装饰手法，用色彩、油漆在梁、枋、斗拱、柱、天花板等处刷饰或绘制花纹、图案等。除了具有装饰作用外，还可增加木料的防腐性能。

春秋时期就有了彩画的雏形，至秦汉时期已很发达，出现了龙、云等纹样，南北朝时期受佛教的影响，又增添莲花、宝珠等纹样。随着时代的不断发展，彩画的内容越来越丰富，明清时期渐成定制。从最初的朴素到后期的华美，体现出不同时期形式和风格的差异。明清时期将彩画归纳为和玺彩画、旋子彩画、苏氏彩画三大类，其中和玺彩画、旋子彩画多用于宫殿建筑，合称"殿式彩画"。

① 参见王其钧：《中国建筑图解词典》，第 107 页。

图3-5　和玺彩画

和玺彩画等级最高，多用于宫殿、庙坛、陵寝的主体建筑。其样式以"人"字形曲线贯穿其间，主要装饰是象征帝王的龙纹，主要色彩是青和绿。和玺彩画主要由箍头、枋心、藻头三部分组成。和玺彩画中的主要纹样和线条都贴金，金线的一侧衬以白粉线，或是同时采用退晕法，整体色彩灿烂，辉煌而又明亮（见图3-5）。

　　旋子彩画在等级上次于和玺彩画，多用于官衙、寺庙的主殿，宫殿、庙坛的配殿和牌楼建筑。其主要特点为藻头部分绘制的是一种旋子图案。旋子图案为一种以圆形切线为基本线条所组成的有规则的几何图案，其外形是旋涡状的花瓣，中心为花心，所以旋子图案乍一看起来像一朵花，非常漂亮。

　　苏氏彩画等级最低，因起源于苏州而得名。苏式彩画常用于园林建筑中的亭台楼榭，绘制于其梁、枋之上，以增加园林之美和园林的艺术性、欣赏性。除了园林建筑之外，一些民居建筑中也经常使用苏氏彩画。

五、皇家园林

　　中国传统园林是传统文化的重要组成部分。作为一种载体，它不仅客观而又真实地反映了中国历代王朝不同的历史文化背景、社会经济的兴衰和工程技术的水平，而且特色鲜明地折射出中国人的自然观、人生观和世界观的演变，蕴含了儒、释、道等哲学和宗教思想及诗、书、画等传统艺术的影响，凝聚了

中国知识分子和能工巧匠的勤劳与智慧。传统园林具有令人折服的艺术魅力和不可替代的唯一性。它在世界文化之林中独树一帜，风流千载。

皇家古典园林在古籍里面称为"苑""囿""宫苑""园囿""御苑"，为中国园林的四种基本类型之一。中国自奴隶社会到封建社会连续几千年的漫长历史时期，帝王君临天下，至高无上，皇权是绝对的权威。在古代西方震慑一切的神权，在中国相对皇权而言始终是次要的、从属的。与皇权的至高无上相适应的，一整套突出帝王至上、皇权至尊的礼法制度也必然渗透到与皇家有关的一切政治仪典、起居规则、生活环境之中，表现为所谓皇家气派。

皇家园林一部分建在京城里面，与皇宫相毗连，相当于皇家的私家宅园，称为"大内御苑"；大多数则建在郊外风景优美、环境幽静的地方，一般与离宫或行宫相结合，称为"行宫御苑"。行宫御苑供皇帝偶一游憩或短期之用，大内御苑则是皇帝长期居住并处理朝政的地方，相当于一处与宫内相联系着的政治中心。

皇家园林的特点是规模宏大、视野开阔、选址自由。"溥天之下，莫非王土。"皇帝的园林想建在哪儿就建在哪儿，想占多大地就占多大地。因此，皇家园林里可以包含原山真湖。如清代承德避暑山庄，其西北部的山是自然真山，东南的湖景由天然塞湖改造而成。也可以叠山辟湖，模仿天然的山峦湖海。如宋代的艮岳、清代的清漪园（见图3-6）。皇家园林内的建筑宏伟富丽，红墙黄瓦或红柱绿丽，装饰华美。如秦始皇所建阿房宫区，"五步一楼，十步一阁"，汉代未央宫"宫馆复道，兴作日繁"。到清代更加重园内建筑的分量，突出建筑的形式美感，充分体现出皇家气派。另外，北方园林模仿江南，这一趋势早在明代中叶已见端倪，这种风气自然也影响到皇家园林的建造。北京西北郊海淀镇一带泉眼很多，湖泊罗布，官僚贵戚们便纷纷在这里买地造园，其中不少即有意识地模仿江南水乡的园林风貌。

图 3-6　北京颐和园

六、亭榭与游廊

　　古典园林中的亭是供游人休息、纳凉、避雨与观赏四周美景的地方。亭，即停止、停留，亭在园林中必可立足观景。亭不设门窗，有顶无墙，四面迎风，八面玲珑。其形态千态百姿，丰富多彩；其形象亭亭玉立，使山水增色。在选址时，它四周必有颇具特色的美景，且所选的观赏角度、观赏距离也是最佳的，故亭素有"园林之眼"的美称。亭的作用是把外界大空间的景象吸收到这个小空间中，元人有诗"江山无限景，都取一亭中"，就很好地阐释了亭的作用。

　　亭子的建筑特点是秀美通透，小巧玲珑，且多四面开敞。亭子一般会设在地势显要处，如山顶、半腰、水边、林间、路旁，作为地标建筑，十分惹人注目（见图3-7）。亭子的美，美在亭盖，亭盖的造型非常丰富。单檐的轻巧，重檐的庄重；直檐的简洁，飞檐的俏丽；茅草顶的质朴，琉璃顶的辉煌……各得其所，让人赏心悦目。所以，很多景区建有观景亭，都在视野最好的处所。游玩途中累了，

寻个亭子歇息，微风拂面，凭栏远望，真是件惬意的事情。而亭子自身，也成为一道风景。即便在荒野，有了亭子，便平添几分人文生气。

亭顶的形式，多采用攒尖顶、歇山顶，也有盝顶式、平顶式。其中攒尖顶最多，一般为正多边形和圆形。攒尖顶的各戗脊由各柱向中心的上方逐渐集中成一个尖顶，用"顶饰"来结束，成伞状。北方起翘比较轻微，显出平缓、持重的风度；南方檐角兜转耸起，如半月形翘得很高，作飞状，显得轻巧雅逸。

榭又称"水阁"，一般建于池畔，形式随环境而不同。水边的敞屋称"水榭"。榭的平台挑出水面，实际上是观览园林景色的建筑。榭临水面开敞，也设有栏杆。其建筑的基部一半在水中，一半在池岸，跨水部分多做成石梁柱结构，较大的水榭还有茶座和水上舞台等。

图 3-7 亭

榭的特点是：在水边架一平台，一半伸入水中，一半架于岸边，上建亭形建筑，四周柱间设栏杆或美人靠，临水一面特别开敞。水榭的主要功能是用来点缀水景，

图3-8　游廊

供游人观赏水景，在旅游中亦常作茶室之用。游人在此既可休息纳凉，又可品茗观景，一举多得。所以榭是驻足观赏风景的理想之地。

在中国古典园林中，廊不仅作为个体建筑联系室内外的手段，而且成为各个建筑之间的联系通道，是园林内游览路线的组成部分。它既有遮阴避雨、休息、交通联系的功能，又有组织景观、分隔空间、增加风景层次感的作用。

游廊是附在建筑外部盖有顶的敞廊或门廊（见图3-8），作室外休息用，常见于园林建筑中。中国园林中，廊的形式和设计手法丰富多样。按结构形式，廊可分为：双面空廊、单面空廊、复廊、双层廊和单支柱廊五种基本类型。按廊的总体造型及其与地形、环境的关系又可分为：直廊、曲廊、回廊、抄手廊、爬山廊、叠落廊、水廊、桥廊等。

游廊在北京四合院中分为四种：中门东、西两侧转弯通向东、西厢房的是抄手游廊；东、西厢房向北然后拐弯通向正房的是窝角廊；东、西厢房和正房前都有檐廊，与抄手廊和窝角廊相连，形成一个"合"字，人们可以在走廊里走一圈而不用担心雨天被淋湿；还有一种走廊是纵深或横向的，用来连接两个以上的院落。

七、长安大明宫

大明宫是大唐帝国的宫殿，原名"永安宫"，是当时的政治中心和国家象征，位于唐京师长安（今陕西西安）北侧的龙首原。大明宫占地 350 公顷，被誉为"千宫之宫"、丝绸之路的"东方圣殿"。大明宫是当时全世界最辉煌壮丽的宫殿群，其建筑形制影响了当时东亚地区的许多国家宫殿的建设。

大明宫原是隋代禁苑的一部分。唐朝建立后，唐太宗为其父李渊在该地修建夏宫永安宫。唐贞观九年（635 年）李渊去世后，改称为"大明宫"。唐高宗李治继位后，于 663 年下令将其扩建。扩建后的大明宫不再只是一座离宫别殿，而是作为大唐帝国威严象征的正式皇宫出现，是唐王朝最为显赫壮丽的建筑群，更名为"蓬莱宫"。唐咸亨元年（670 年），宫殿再次改名为"含元宫"，唐神龙元年（705 年）复名"大明宫"。

大明宫是唐长安城规模最大的一处宫殿区，利用天然地势修筑宫殿，形成一座相对独立的城堡。宫城的南部呈长方形，北部呈南宽北窄的梯形。平面形制是一南宽北窄的楔形，宫墙墙面与太极宫一样为夯土板筑，只有各城门两侧及转角处内外表面砌有砖面，构筑十分坚固。

宫城共有 9 座城门：南面正中为大明宫的正门丹凤门，东、西分别为望仙门和建福门；北面正中为玄武门，东、西分别为银汉门和青霄门；东面为左银台门；西面南、北分别为右银台门和九仙门。除正门丹凤门有 5 个门道外，其余各门均为 3 个门道。在宫城的东、西、北三面筑有与城墙平行的夹城，在北面正中设重玄门，正对着玄武门。[①] 宫城外的东、西两侧分别驻有禁军。北门夹城内设立了禁军的指挥机关——"北衙"。整个宫域可分为前朝和内庭两部分：前朝以

---

① 参见潘谷西：《中国建筑史》，第 120 页。

朝会为主，内庭以居住和宴游为主。丹凤门以南有丹凤门大街，以北是由含元殿、宣政殿、紫宸殿、蓬莱殿、含凉殿、玄武殿等组成的南北中轴线，宫内的其他建筑大都沿着这条轴线分布。

丹凤门是唐大明宫中轴线上的正南门，东西长达 200 米，其长度、质量、规格为隋唐城门之最，体现出千般尊严、万般气象的皇家气派。丹凤门的规制之高、规模之大均创都城门阙之最，对研究唐长安城和中国都城考古均有重要价值，被文物考古界誉为"盛唐第一门"（见图 3-9）。丹凤门北面正对含元殿，两者之间为御道。含元殿是大明宫的正殿，位于龙首原南沿、丹凤门以北约 600 米处。是举行重大庆典和朝会之所，俗称"外朝"。主殿面阔 11 间，加上副阶为 13 间，进深 4 间，加上副阶为 6 间。总面积 27600 平方米，四周有宽 5 米的副阶。主殿前是一条长 78 米、以阶梯和斜坡相间的龙尾道，表面铺设花砖。含元殿建造时充分利用了龙首原的高地，居高临下，威严壮观，视野开阔，可俯瞰整座长安城。王维有诗云："九天阊阖开宫殿，万国衣冠拜冕旒。"形容了它当时的巍峨气势。

图 3-9　大明宫丹凤门

唐长安城大明宫遗址位于唐长安城遗址北部，是丝绸之路鼎盛时期东方的起点。作为中国宫殿建筑的峰巅之作，唐代的大明宫不仅见证了东方农耕文明发展鼎盛时期帝国的文明水平，还见证了唐朝的礼制文化特征，对后世产生了深远的影响。

八、北京故宫御花园

故宫位于北京市中心，也称"紫禁城"。这里曾居住过24个皇帝，是明、清两代的皇宫，现为故宫博物院。故宫的整个建筑金碧辉煌，庄严绚丽，被誉为"世界五大宫"之一。紫禁城中共有4座大小不一的花园，分别是慈宁宫花园、建福宫花园、宁寿宫花园、御花园，其中以御花园面积最大。御花园始建于明永乐年间，现仍保留初建时的基本格局（见图3-10）。御花园明代称为"宫后苑"，清代称"御花园"。

御花园位于故宫中轴线的最北端，正北对着神武门；正南有坤宁门，同后

图3-10　北京故宫御花园

三宫相连接；左、右分设琼苑东门、琼苑西门，可通东西六宫。北面是集福门、延和门、承光门围合的牌楼坊门和顺贞门，正对着紫禁城最北界的神武门。御花园占地面积 12000 平方米，全园南北宽 80 米，东西长约 140 米，有建筑 20 余处。园内建筑布局对称而不呆板，舒展而不零散，各式建筑无论是依墙而建还是亭台独立，均玲珑别致，疏密合度。御花园以钦安殿为中心，园林建筑采用主次相辅、左右对称的格局，布局紧凑、古典富丽。钦安殿为重檐盝顶式，坐落于紫禁城的南北中轴线上，以其为中心，两边均衡地布置各式建筑近 20 座。园内有万春亭、浮碧亭、千秋亭、澄瑞亭等名亭，分别象征春、夏、秋、冬四季。两对亭子东西对称排列，北边的浮碧亭和澄瑞亭都是方亭，跨于水池之上，只在朝南的一面伸出抱厦；南边的万春亭和千秋亭为上圆下方、四面出抱厦、组成"十"字形平面的多角亭，屋顶是天圆地方的重檐攒尖，造型纤巧，十分精美，体现了天圆地方的中华传统观念。

御花园是中国园林建筑之精华。园内青翠的松、柏、竹间点缀着山石，形成四季常青的园林景观，与自然融为一体。园中奇石罗布，佳木葱茏，其古柏藤萝皆数百年物，将花园点缀得情趣盎然。园内现存古树 160 余株，散布园内各处，又放置各色山石盆景，千奇百怪。园内甬路均以不同颜色的卵石精心铺砌而成，组成 900 余幅不同的图案，有人物、花卉、景物、戏剧典故等，古朴别致，沿路观赏，妙趣无穷。

故宫御花园原来主要为帝王后妃而修建，是供帝王家眷休憩游览的场所，另外，一些重要节庆的活动会在这里举行。故宫御花园虽为帝王后妃休息、游赏而建，但也具备祭祀、颐养、藏书、读书等用途。御花园在整体布局以及局部点缀上极其考究，园内形式多样、丰富多彩的楼台亭阁变化多端，无不展现了劳动人民的卓越才能和艺术创造力。

九、承德避暑山庄

承德避暑山庄又名"承德离宫",位于河北承德市区北部。它曾经是中国古代帝王的宫苑,是清代皇帝避暑和处理政务的场所。承德避暑山庄始建于1703年,历经清康熙、雍正、乾隆三朝,于1792年建成,成为"中国四大名园"之一。

承德避暑山庄及周围寺庙营造了120多组建筑,是帝王苑囿与皇家寺庙建筑经验的结晶。在建筑上,它继承、发展并创造性地运用各种建筑技艺,撷取中国南北名园名寺的精华,仿中有创,表达了"移天缩地在君怀"的建筑主题。在园林与寺庙、单体与组群建筑的具体构建上,避暑山庄及周围寺庙实现了中国古代南北造园和建筑艺术的融合。它囊括了亭台阁寺等中国古代大部分建筑形象,展示了中国古代木架结构建筑的高超技艺,并实现了木架结构与砖石结构、汉式建筑形式与少数民族建筑形式的完美结合。加之建筑装饰及佛教造像等高超技艺的运用,构成了中国古代建筑史上的奇观。[①]

承德避暑山庄是由众多的宫殿及其他建筑构成的一个庞大的建筑群,占地500多万平方米,环绕山庄蜿蜒起伏的宫墙长达万米。它最大的特色是园中有山,山中有园。避暑山庄以朴素淡雅的山村野趣为格调,取自然山水之本色,吸收江南塞北之风光,成为中国现存最大的古典皇家园林。在总体规划布局和园林建筑设计上充分利用了原有的自然山水的景观特点和有利条件,吸取唐、宋、明历代造园的优秀传统和江南园林的创作经验,并加以综合、提高,把园林艺术与技术水准推向了空前的高度,成为中国古典园林的最高典范(见图3-11)。

---

① 参见高洁:《避暑山庄及外八庙古建筑艺术研究》,《山西建筑》2010年第21期。

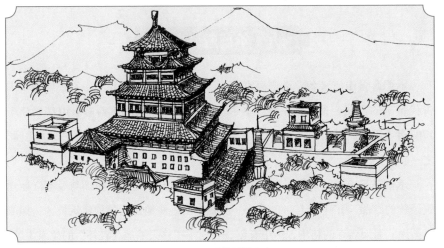

图 3-11　承德避暑山庄

　　承德避暑山庄的建筑布局大体可分为宫殿区和苑景区两大部分。苑景区又可以分成东南湖泊区、东北平原区、西北山峦区三大部分，湖泊区在宫殿区的北面，湖泊面积包括州岛约占 43 公顷，将湖面分割成大小不同的区域，层次分明，洲岛错落，碧波荡漾，富有江南鱼米之乡的特色。东北角有清泉，即著名的热河泉。平原区在湖区北面的山脚下，地势开阔，有万树园和试马埭，是一片碧草茵茵、林木茂盛的草原风光。山峦区在山庄的西北部，面积约占全园的 4/5。这里山峦起伏，沟壑纵横，众多楼堂殿阁、寺庙点缀其间。整个山庄东南多水，西北多山，平原区西部绿草如茵，一派蒙古草原风光；东部古木参天，具有大兴安岭莽莽森林的景象。

　　避暑山庄不同于其他皇家园林。它按照地形、地貌特征进行选址和总体设计，完全借助于自然地势，因山就水，顺其自然，同时融南北造园艺术的精华于一身。山庄整体布局巧用地形，分区明确，景色丰富，山庄宫殿区布局严谨，建筑朴素，宫殿与天然景观和谐地融为一体，达到了回归自然的境界。山庄融南北建筑艺术精华，又多沿袭北方常用的手法，殿宇和围墙多采用青砖灰瓦、淡雅庄重，简朴适度。它是中国园林史上一个辉煌的里程碑，是中国古典园林艺术的杰作。

十、杭州西湖孤山行宫

孤山位于浙江杭州，是西湖的一个著名景点。孤山是一个小半岛，山高不过35米，走在山间小径颇有山林的感觉。孤山虽不高，却是观赏西湖景色的最佳之地。

宋理宗在此建过西太乙宫，清康熙、乾隆在此建过行宫（见图3-12）。清行宫是清代多位帝王出行西湖时的居住之地，始建于清康熙四十四年（1705年），现存有建筑园林遗址遗迹。行宫位于孤山南麓中部，南临西湖。整体院落座北朝南，南部为建筑院落，北部为因借孤山地形建造的后苑。

图3-12　杭州西湖孤山

院落和园林的整体格局基本保存，建筑遗迹较为丰富，包括院墙墙基、头宫门、垂花门遗址、楠木寝宫遗址、鸶香庭遗址、玉兰馆遗址等。后苑现存"行宫八景"的部分园林建筑遗迹，包括鸶香庭、玉兰馆、戏台、贮月泉、领要阁、御碑亭、绿云径、四照亭等。①

杭州清代行宫的格局是：一进门（即现在中山公园的大门）是从清代遗留下来的。中山公园进门约5米后是二进门，即垂花门，垂花门两侧是抄手廊。

---

① 参见田强：《园林工程与历史元素的巧妙结合》，《中华民居》2014年第3期。

再进去就是三进门，即奏事殿，是皇帝办公的地方。通过中轴线上的甬道进入楠木寝殿，即皇帝下榻之地。甬道宽3米左右，是皇帝的专用道。楠木寝殿后面就是五进殿，现在已经变成民国时期修筑的上孤山的台阶。但清代时，上孤山的台阶是在五进殿的两侧。五进殿后面，包括整个孤山都是乾隆行宫的后花园。据有关史料记载，在后花园里还有玉兰馆、鹭香庭、领要阁、绿云径、戏台等院落和建筑。

从乾隆御制《西湖行宫图》上判断，包括佛堂、看戏殿在内，孤山行宫共有40进左右房屋。中山公园是清行宫的主要部分，皇帝办公、食宿、看戏，大都在公园所在的地块上进行。另外，中山公园西侧地块、浙江图书馆古籍部、中山公园东侧地块、文澜阁、浙江博物馆都属于清行宫的范围。

第四章
城池建筑

城池，又称"城廓"，其兴建源于军事防御功能。中国历史上各王朝耗费大量财力、物力建造坚固的城池以巩固王权。随着社会的发展，城池的形制也在逐渐变化。从早期的防避野兽和其他部族的侵袭，逐渐发展成为"筑城以卫君，造廓以守民"，起到保护君王、看守国民的作用。

从军事防御的角度看，中国古代城池的构筑可谓布局精妙，机关重重。在高大的城墙顶部，筑于外侧的有连续凹凸的齿形矮墙，称"垛墙"，上有垛口，可射箭和瞭望，下部有通风孔，用来保护墙体。此外，城墙内部也都修有环城马路和登城道。每座城门的正中央都建有城楼，这是城墙上精致美观的高层建筑，也是一座城池重要的高空防御设施，平日用于登高瞭望，战时主将坐镇其上指挥部署。

中国早期的城池，绝大多数是土筑，到了明代以后，各地的城墙才开始大规模包砖。早在3000年前的殷商时代，中国的先民已经掌握了版筑的技术。所谓版筑，就是筑墙时用两块木板（版）相夹，两板之间的宽度等于墙的厚度，板外用木柱支撑住，然后在两板之间填满泥土，用杵筑紧，筑毕拆去木板、木柱，即成一堵墙。到了春秋战国时代，版筑的技术更是大大提高，普遍采用悬版夯筑法，即用木棍穿过两侧夹板，以绳索固定取直，中间填土夯实。

过去城墙是城市的主要防御线，也界定出城市的范围。材料大多就地取材，初期以竹、木栅为主；发展到一定程度后，改为以土石或砖等材料为墙。城池的城门数量由行政层级或规模决定。通常府城有8门，县城开4门，一般分置于东、西、南、北四方。城门座上的城楼称为"城门楼"，一般分为楼阁式和碉堡式。城门楼的底座称为"城门座"。出入城门的孔道称为"城门洞"。圈绕城门外的一道城墙称为"瓮城"，也叫"月城"。城内道路以联系各向城门之间的街道为主。

不难看出，在古代传统地理观念里，城市是由城墙与护城河围就的生命活体。城市有各自的体形气质、灵魂个性，有神经中枢系统和血液循环系统，进行着日夜川流不息的新陈代谢活动，形成了富有个性的灵魂。城池把城市所处的地理位置、自然环境、人文历史和城市的生产力、生产技术条件等城市构成要素

融会贯通、捏合扬弃得淋漓尽致，酣畅谐调，实现了自然环境与历史文化天时、地利、人和的完美统一。

一、古城结构

中国古代都城建设的特点是一切围绕皇帝和皇权所在的宫廷展开。在建设程序上是先宫城、皇城，后都城、外廓城；在布局上，宫城居于首要位置，其次是各种政权职能机构和王府、大臣府邸以及相应的市政建设，最后才是一般庶民住处及手工业、商业地段（见图4-1）。自汉至清，历代都城莫不如此。古代都城为了保护统治者的安全，有城与廓的设置。从春秋一直到明清，各朝都城都有城廓之制。所谓"筑城以卫君，造廓以守民"，二者的职能很明确：城，是保护国君的；廓，是看管人民的。[①]齐临淄、赵邯郸和韩故都的廓，是附于城

图4-1　古城池

---

① 参见潘谷西：《中国建筑史》，中国建筑工业出版社2009年版，第56页。

的一边，而吴阖间城和曲阜鲁城的廓包于城之外，所谓："内之为城，城外为之廓。"对于统治者来说，当然后一种方式更为安全，所以自汉以后，只发展后者，而前者不再出现。各个朝代赋予城、廓的名称不一，如"子城""罗城"。一般京城有3道城墙：宫城、皇城或内城、外城。明代南京城与北京有4道城墙。唐宋时府城通常也有2道城墙：子城、罗城。这是古代统治阶级层层设障以保护自己的有效方法。

夏商时期，城墙多为板筑夯土，东晋以后渐有砖包夯土墙。明代砖的产量增加，砖包城墙开始普及。城门洞结构早期多用木过梁，宋以后砖拱门洞开始逐步推广。水乡城市依靠河道运输，均设水城门。为了加强城门的防御功能，许多城市设有二道以上的城门，形成"瓮城"。城墙每隔一定间距突出矩形墩台，此外还有军士值班休息的窝铺，指挥战争用的城楼、敌楼等防御设施。

商周时期，城意味着国家，受封的诸侯国有权按爵位等级建造相应规模的城。到战国时期，各地按需要自行建城，城市规模和城市分布密度大大提高。秦统一全国后，实行中央集权的郡县制，城市成为中央、府、县的统治机构所在地。城市中有相关机构与设施，以保障政权的有效运作。这些机构设施包括府县衙署、监察御使、儒学、厉坛、城隍庙等；地方城市的基础设施还有防御工程、水利工程、道路下水道、邮驿设施等。

春秋至汉时期，城内被分割成若干封闭的"坊"，手工业与商业也被限制在一些定时开放的"市"中。而宫殿和署衙都用城墙加以防护，坊和市"也都围以高墙，设有里门和市门。三国魏晋直至隋唐时期，这种里坊制的模式又得到进一步发展。道路为棋盘式的格局，宫殿居于城中。城中出现了大量的货栈、店铺，改变了城内各个空间封闭、独立的布局状态，使各个部分有机地联系和结合起来。

二、城镇布局

由于自然地理环境条件的不同，各城市的城内布局各有差异。处于平原地带的城市多要求方整规则，以长方形居多，道路宽敞平直，常作"十"字形或"T"字形布置，城市中心常设有鼓楼、钟楼。城内十字街以钟楼为中心，四面通向城门，城门外又各有关城一座。有些城市出于防御要求或某种象征意义的考虑，常把平面布局做成圆形。

在多江河山丘的地区，地形复杂多变，城市布局多样，道路系统也往往呈不规则状。依山筑城的，主要街道沿等高线展开；沿江建市的，往往形成带状城镇。如山城重庆位于长江与嘉陵江交汇处山丘上，战国秦汉时沿江已形成背山面水的城市，以后不断向山坡发展。又如陕西的葭州位于黄河与葭河交汇处的陡峭山冈上，下临滔滔河水，形势险要，是一处重要军事防御城市。城墙沿山巅而筑，平面极不规则。①

江南水乡城镇以水运为主，街道房屋沿两岸布置，故小市镇常沿河展开成带状，大市镇因"十"字形、"井"字形交叉河道而成块状。如明代的松江府城，城内除街道系统外，还有河道系统，两者共同形成城市的交通网络。著名的古城苏州，城内河道纵横，堪称水乡地区城市布局的典型。城内有主要河道组成通向城门的干河，由此分出许多支河通向各居住街巷，傍河两岸是街道市肆与住房。环绕城墙内外各有一道城壕，既是交通环道，又是双层护城河。全城河道形成一个交通网和排水系统。城内中部偏南为子城，城北部分是街市和居民区。

---

① 参见潘谷西：《中国建筑史》，第81页。

三、城门与城墙

　　城门是我国古代城市的一种安全防御性建筑，是指城楼下的通道，是城的标志，也是城市内外交通的出入口。城门与城楼的雄伟壮丽的外观显示着城池的威严和国泰民安。城门、城楼之间由城墙相连，既有军事防御作用，又有城市防洪功能，形成古城一道坚固的屏障（见图4-2）。城门的建筑规模、数量常依城市的大小、形制、方位、用途等因素来确定。早期的原始社会城市面积都较小，河南淮阳平粮台古城，仅辟南、北两门。而面积较大的湖北天门石家河古城则辟有四门。随着社会的发展与人口的增多，城市的面积也相应地扩大，城门数量亦有所增加。同时决定城门位置及数量的另一个重要因素，则是随着社会发展而日益强化的宗法礼制影响。

　　一般地方城市（郡、州、县）都在四个方向各开一门，早至原始社会时期

图4-2　城门

即已如此。自汉、唐沿至明、清，这种形式的实例各地比比皆是。在大多数情况下，城门都是经由陆路交通的旱门。由于某些特殊的自然条件（如城市某些地方的地势低洼，附近有可通行之河道、湖泊等），有些城市设置了可供水路交通的水门，如湖南沣县新石器时代城头山古城、湖北江陵周代楚国纪南城、江苏苏州宋代平江府城等。

城墙是城市、城池抵御外来入侵的军事防御性建筑，是使用土木、砖石等材料、在都邑四周建起的用作防御的障碍性建筑。我国古代城市的城墙主要由墙体、女墙、垛口、城楼、角楼、城门等构建而成，多数城墙外围都有护城河。按建筑城墙的原材料，可将城墙分为版筑夯土墙、土坯垒砌墙、青砖砌墙、石砌墙和砖石混合砌筑墙。

我们现在看到的城墙都是由土或砖石筑砌的刚性实体，具有一定的厚度与高度。其所在位置一般都在城市或建筑组群的周围，起着分割空间、阻隔内外的作用（见图 4–3）。这种采用人工修造的建筑屏障来围护一定空间的方式，最早源于原始社会房屋的壁体和围墙，以后发展为聚落的寨墙。当聚落扩展为城市时，又逐渐演变成目前的形式。此后，城墙又被人

图 4-3　古城墙

们使用于国境及边界，并进一步发展为具有多种内涵的强大边防体系。由此可见，城墙产生和发展的最主要的原因就是它的对外防御功能。

四、城楼与护城河

城楼指城墙上的门楼，是"城"的主要标志，其雄伟壮丽的外观显示着城池的威严和市民的风采。城楼是我国古代城市的防御建筑，城楼之间由城墙相连，既有军事防御作用，又有城市防洪功能，形成古城一道坚固的屏障。在古代或近代的战争中，砖木结构的城楼是瞭望所，是守城将领的指挥部，又是极其重要的射击据点。城楼是城墙顶精致美观的高层建筑，平常登高瞭望，战时主将坐镇指挥，是一座城池重要的高空防御设施。

护城河，亦称为"濠"，是古时由人工挖凿的，环绕整座城、皇宫、寺院等主要建筑的壕沟，通过引水注入形成人工河，作为城墙的屏障，具有防御作用。护城河一方面维护城内安全，另一方面阻止攻城者的进入。作为在城池周围挖掘的一圈河道，护城河自然加强了整个城池的防御性。护城河对于城池来说是非常重要的组成部分。护城河水是流动的，有时流速还很大。这是因为护城河上建有许多闸、坝，可以调节水量，控制流速。古时的城防体系是有城墙就必有护城河。

五、城内街道

城市布局采用中轴对称式的平面布局，宫室、坛庙等重要建筑皆位于中轴线上。这种布局的渊源有二：一是中国传统的内向庭院式低层建筑群所具有的主次分明、以中轴线突出主要建筑物的布局手法；二是中国封建社会中体现封建统治阶级意图的不正不威的等级观念和秩序感。

古代城内道路系统绝大多数采用以南北向为主的方格网布置，这是由建筑物的南向布置延伸出来的（见图4-4）。由于我国的地理位置与气候条件，从夏商起就总结并确立了这一条切合我国实际情况的建筑布置经验，一直沿用到今天。

雕梁画栋 中国传统建筑文化

图4-4 古城池

中国古代城市以方格网街道系统为主，区划整齐。从战国到北宋初年，实行市里制度。北宋中期以后，采用街巷制。方格形道路网便于交通，街坊内便于布置建筑。汉长安城中即有集中的市，设官吏管理。唐长安城集中设置的东市、西市规模很大，按行业设肆。北宋开封城则将道路和商业结合起来，沿街设店，形成繁华的商业街。汉长安城中就有作为居住区单位的里；唐长安的里、坊有坊墙、坊门，严格管制。宋以后的城市虽有"里""坊"名称，但已无坊墙、坊门。

为适应各地不同的条件，方格网布置只用于地形平整的完全新建的城市，而其他改建的或有山丘河流的城市，则根据地形随意变通，不拘于轮廓的方整和道路网的均齐。如汉长安城，是在秦离宫基础上逐步扩建的，因此道路系统和轮廓就不太规则；明南京城中有较多的水面和山丘，又包罗了南唐是沿用下来的旧城，所以布局更为自由。

中国古代城市重视水源的利用和城市的绿化，引水入城，种植花木。古代都城对绿化很重视，汉长安、晋洛阳、南朝建康等历代帝都的道路两侧都种植树木。北方以槐、榆为多，南方则柳树、槐树并用，由京兆尹负责种植

管理。对都城中轴线上御街的绿化布置则更为讲究：路中设御沟，引水灌注，沿沟植树。[1]

六、曹魏邺城遗址

曹魏邺城是中国古代著名都城，遗址主体位于河北临漳城西南20公里处的漳河岸畔。邺城始筑于春秋齐桓公时。东汉末年，曹操击败袁绍，占据邺城营建王都。曹魏、后赵、冉魏、前燕、东魏、北齐六朝先后以此为都。曹魏邺城居黄河流域政治、经济、军事、文化中心长达4个世纪之久，创造了辉煌灿烂的历史文化，使临漳享有"三国故地""六朝古都"之美誉。

邺城的布局在中国古代城市规划史上有重要意义。它继承了战国时期以宫城为中心的规划思想，改进了汉代长安宫城与闾里相参、布局松散的状况。邺城由南、北二城组成，是一个功能分区明确、结构严谨的城市。其主要道路正对城门，干道"T"字形相交于宫门前，把中国古代建筑群的中轴线对称的布局应用于整个城市。（见图4-5）。这种布局形式对此后的都城规划产生了很大影响

邺城遗址分邺北城和邺南城两部分，大体呈"日"字形。邺北城为东汉曹操所建，是曹魏时期的城市布局，邺北城平面呈长方形，东西长7里，南北宽5里。它有两重城垣：郭城和宫城。郭城有7座城门。城中有一条东西干道连通东、西两城门，将全城分成南、北两部分。干道以北地区为统治阶层所用地区，正中为宫城，内有举行典仪用的建筑和广场。宫城以东为宫殿、官署。官署东为戚里，是王室、贵族的居住地区。宫城以西为禁苑——铜雀园，其中有粮仓、武器库和马厩；铜雀园西北隅凭借城墙加高筑成铜雀、金虎、冰井等三台，平时供游览和检阅城外军马演习之用，战时作为城防要塞。东西干道以南为一般居住区，

---

① 参见潘谷西：《中国建筑史》，第57页。

划分为若干坊里。3 条南北向干道分别通向南面 3 座城门，中轴线大道北通宫城的北门——端门。邺城的西门外有大片皇家苑圃和水面，为供城市用水，引漳河水从铜雀三台下流入宫禁地区，一部分河水分流至坊里区，从东门附近流出城外。

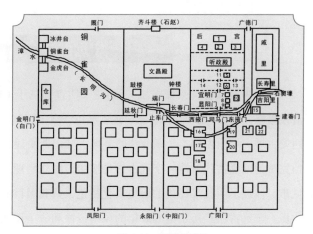

图 4-5 邺城平面图

邺城的主要宫殿毁于西晋末年。334 年，后赵石虎迁都邺城，沿用曹魏时的布局重建。6 世纪，北齐在城南增建新城，史称"邺南城"，比北城更大、更奢华。邺南城东西 3 公里，南北 4 公里，城垣迂曲，墙外有护壕。邺南城有 14 座城门。城的西南角和东南角均为圆角；在东、西、南三面城墙外部发现有加强防御的马面设施，并有环绕城墙的城壕。宫城设在城北部中央，宫北有后苑。居民区分设里、坊。

邺城作为魏晋、南北朝的六朝古都，在我国城市建筑史上占有辉煌地位，堪称中国城市建筑的典范。邺城的构建首次体现了"先规划，后建设"的城市建设理念。全城强调中轴安排，王宫、街道整齐对称，结构严谨，分区明显，这种布局方式承前启后，对后世城市的建设有着很大借鉴和参考价值。特别是它对后来的长安、洛阳、北京城的兴建乃至日本的宫廷建筑，都有着深远的影响。①

---

① 参见梁中效：《〈水经注〉中的三国城市文化地理》，《西华师范大学学报》（哲学社会科学版）2014 年第 4 期。

七、宁远古城

宁远古城又称"兴城古城",始建于明宣德三年（1428年），为宁远卫城，清代重修，改称"宁远古城"。宁远古城位于辽宁兴城老城区中心。宁远古城与西安古城、荆州古城（今湖北江陵县城）和山西平遥古城同被列为我国迄今保留完整的四座古代城池。宁远古城是按照传统规划理念和建筑风格建设起来的城市，体现了明代汉民族的历史文化特色，是我国目前保存最完整的一座明代古城。宁远古城经历了近600年的风雨侵蚀和战争摧残，其外城现已无存，内城经历代维修，基本保持原貌，城内有明代祖氏石坊和文庙等古迹（见图4-6）。

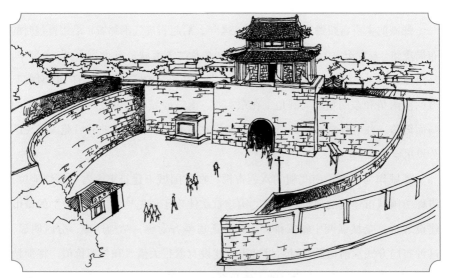

图4-6　宁远古城半圆形瓮城

宁远古城沿河依山而建，街巷为脉，院落为肌，具有完整的古城形态、深厚的历史文化底蕴和丰富的历史遗存。古城内有完整的格局，轴线严格有序，

是古城格局的根本所在。延辉大街上的两座祖氏牌楼增加了其轴线关系，成为古城的脊梁。

宁远古城城墙基砌青色条石，外砌大块青砖，内垒巨型块石，中间夹夯黄土，城墙形态保存完整。城上各有两层楼阁、围廊式箭楼，分别各有坡形砌登道。以前分外城和内城，四角高筑炮台，突出于城角，用以架设红夷大炮。东南角建魁星楼一座。

宁远古城有4个城门：东面春和，南面延辉，西面永宁，北面威远。城内东、西、南、北大街呈"十"字形相交。古城的正中心有一座雄伟壮观的钟鼓楼，它凌空飞架，与四座城门箭楼遥相对应，形成了鼓楼最高、四个城门次之、以城墙为主的城市天际线，显得威严壮观，气势巍峨。钟鼓楼在中街，分为3层。鼓楼基座平面为正方形，高如城墙，下砌通向四条大街的十字券洞，全部以大青砖砌成，分东、西、南、北各筑拱形通道。钟鼓楼周围为廊式，歇山卷鹏，飞檐凌空，朱廊画栋，西北开涵洞小门，有石阶可上下。登上鼓楼，古城风光尽收眼底，令人心旷神怡。

八、平遥古城

平遥又称"古陶地"，是帝尧的封地。平遥古城位于山西中部平遥内，是一座具有将近3000年历史的文化名城，自明洪武三年（1370年）重建以后，基本保持了原有格局。平遥城内的民居建筑布局严谨，轴线明确，左右对称，主次分明，外观封闭。平遥古城集中体现了14～19世纪前后的建筑文化特色，是迄今汉民族地区保存最完整的古代居民居住群落。

平遥古城始建于西周宣王时，原为夯土城垣，明洪武年间由于军事防御的需要，在原西周旧城的基础上扩建为今天的砖石城墙，是山西现存历史较早、规模最大的一座城墙。平遥古城作为中国城市在明清时期的杰出范例，展现了

中国文化四季

社会、文化、经济及宗教发展的完整画卷。

　　平遥古城面积约 2.25 公里，城墙为方形，总长度为 6000 多米，墙高 10 米。城墙内部由泥土夯实，外部全部砖砌，城墙上以砖石铺就，上面可以并行马车。平遥城墙顶上还设有了望孔、射孔、垛口等御敌设施。城墙周围还有护城河，城墙东、西有 4 座方形瓮城，两两相对（见图 4-7）。

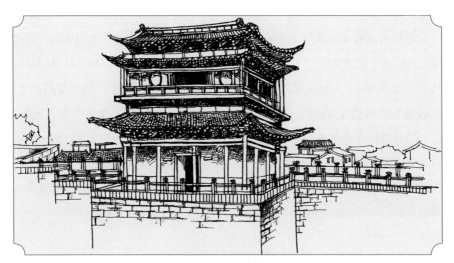

图 4-7　平遥古城

　　整座平遥城市非常周正，街道横竖交织，街巷排列有致。市楼位于城市中央，明清街位于南北中轴线上。古城的主要建筑分列左右：左边有城隍庙、文庙、道教清虚观，右边有县衙、关帝庙、佛教寺院。

　　平遥城有古城门 6 道，东、西各 3 道。平遥也被称作"龟城"，鸟瞰平遥古城，形同一只欲行未动的乌龟，南门是头，北门是尾，东西 4 座城门为四条腿，城内四大街、八小街、七十二条蚰蜒巷仿佛龟背上的花纹，组成了一个庞大的八卦。乌龟是吉祥、长寿的象征，"龟城"之说源于古人对"四灵"的崇拜，寓意"固若金汤，长治久安"。

平遥古城是现存最为完整的明清古县城。迄今为止，这座城市的城墙、街道、民居、店铺、庙宇等建筑仍然基本完好，原来的建筑格局与风貌特色大体未动，保存了古城所有的特征。城内及近郊古建筑中的珍品也大多保存完好。平遥民居多为四合院式，大门前有宽宽的石阶，富裕人家的门前还有一对威风凛凛的石狮子；门楣上除了厚实的匾额外，还有精美的石刻砖雕，体现了明清建筑风格与山西民俗文化的协调统一。它们同属平遥古城现存历史文物的有机组成部分，是研究中国政治、经济、文化、军事、建筑、艺术等方面历史发展的活标本。

九、河南洛阳城

洛阳古称"雒阳""豫州"，是举世闻名的古都，位于河南西部、黄河中游，因地处洛河之阳而得名。洛阳有着 5000 多年文明史、4000 多年的建城史和 1500 多年的建都史，是华夏文明的发源地之一。洛阳素有"九朝古都"之称，为帝王之州，华夏文明发祥之地。从中国第一个王朝夏朝开始，先后有夏商、西周、东周、东汉、曹魏、西晋、北魏、隋、唐、后梁、后唐、后晋 13 个王朝在此建都，时间长达 1500 多年，是中国有史以来建都最早、建都朝代最多、建都时间最长的城市。

隋唐洛阳城营建于隋大业元年（605 年），一直沿用至北宋末年，历时 500 多年。其规模仅次于长安城，唐代略有增建。隋、唐及五代后唐都曾以此为都。城址在洛阳市区及近郊，南望龙门，北依邙山，东逾瀍水，西至涧河，洛水横贯其间。

隋唐洛阳城遗址原是隋唐两代的都城，其规划设计与洛阳的山川地貌完美地结合在了一起，体现了"天人合一"的规划理念。隋唐洛阳城的布局以天子为中心，改变了中国传统的左右对称的城市布局，使这座城市别具风韵（见图 4-8）。

隋唐洛阳城的皇城中轴线最南正对龙门伊阙，使宫城、皇城的正南门与龙门、伊阙相对，将宫城布置在都城地势最高的西北，象征居于天之中央的北极星。

图 4-8　河南洛阳城

隋唐洛阳城是隋、唐两代的东都，是丝绸之路的东方起点之一和隋唐大运河的中心。它主要由宫城、皇城、郭城、东城、含嘉仓城、上阳宫、西苑、离宫等 8 部分组成，占地 47 平方公里。

宫城位于外郭城的西北部，平面略呈长方形。中为夯筑，内外砌砖。南墙正中为应天门、东边为明德门、西边为长乐门，北墙有玄武门，西墙有嘉豫门。皇城则围绕在宫城的东、南、西三面，其东西两侧与宫城之间形成夹城。东、南各 3 门，北面 2 门，西面无门。宫城位于郭城西北角，平面近似长方形，城垣夯筑，内外包砖。皇城绕宫城东西南三面修筑。宫城北部有曜仪、圆璧二城。皇城之东又有东城，东城之北有储存粮食的含嘉仓城。[①]

今天的洛阳城墙是在隋唐洛阳城东城旧基上修筑的。宋仁宗景祐元年（1034 年）时的城墙是土墙。为抵御蒙古骑兵的入侵改筑城墙，在隋唐洛阳城的东城旧基上筑新城，隋唐洛阳城规模宏伟、气势壮观，是当时世界范围内不多见的大都市。隋唐洛阳城是中国隋唐都城中保存比较完好的都城遗址。

隋唐洛阳城作为我国古代著名都城，见证了中国封建社会最辉煌的一段历史，具有丰富的历史文化内涵，是研究中国古代都城建制、城市布局、社会生活等方面的宝贵资料，在中国古代都城发展史上具有重要地位，对后世影响深远。

---

① 参见木杉：《隋唐东都洛阳城》，《城乡建设》2006 年第 2 期。

第五章
陵墓祭祀建筑

陵墓建筑是中国古代建筑的重要组成部分，体现了中国古代人"生死轮回"的思想观念。中国古人基于"人死灵魂不灭"的观念普遍重视丧葬，对陵墓皆尽心构筑。陵墓建筑在中国古代人心中有多重意义，如汉代的陵墓专设宫人，让其像侍奉活人一样侍奉墓主，而祭祀活动更成为推崇皇权和巩固统治的一种重要手段。陵墓建筑还有荫庇后人和显赫威势的作用。

陵墓建筑是中国古建筑中最宏伟、最庞大的建筑群之一。这些陵墓建筑一般都是利用自然地形依山而建；也有少数建造在平原上。中国陵墓的布局大都是四周筑墙，四面开门，四角建造角楼。陵前建有甬道，甬道两侧有石人、石兽雕像，陵园内松柏苍翠、树木森森，给人肃穆、宁静之感。

陵墓建筑一般都由地上和地下两部分组成，地下建筑用来安葬逝者的遗体和遗物；地上建筑主要供后人进行祭祀活动。由于地下建筑内部阴湿，木结构容易腐烂，因此地下陵墓建筑多采用砖石拱券技术构建。这种集安葬和祭祀于一体的功能设计形态是陵墓建筑区别于其他建筑的基本特征。

坛庙建筑也称为"礼制建筑"，除以"礼"来制约各类建筑的形制以外，还有一系列应"礼"的要求而产生的建筑。帝王、官吏和民间祭祀天地、日月、名人、祖先的庙、坛、寺等均属于这类礼制建筑。祭祀活动在古代社会生活中具有重要的地位，因此坛庙建筑较好地反映了古代建筑艺术及技术水平。

陵墓是人类进入文明时代的重要标志之一。在漫长的历史进程中，丧葬孝道观念在中国慢慢形成且影响深远，中国的陵墓建筑发展出多种建筑形式，出现了如秦始皇陵、明十三陵等举世惊叹的帝王墓群。墓葬建筑坚固耐久、防潮防腐的要求促进了中国建筑技术的发展，厚葬之风也促进了砖石雕刻及其他工艺技术的提高。

一、陵墓建筑

新石器时代开始，墓葬多为长方形或方形墓穴。墓穴距地表面深达10余米，并有奴隶殉葬和车、马等作为随葬品。后来的帝王陵墓地下寝宫都装饰得华丽气派，并有大量奇珍异宝随葬，其陵墓建筑对后世陵墓影响很大。唐代是中国陵墓建筑史上的高潮，多数帝王陵墓依山而建，气势雄伟。由于帝王拜谒陵墓的需要，在陵园内设立了祭享殿堂，称为"上宫"；陵区内置陪葬墓，安葬诸王、公主、嫔妃，乃至宰相、功臣、大将。

陵墓建筑是中国古代建筑文化的重要组成部分。中国古人普遍重视丧葬，因此对陵墓精心构筑。在漫长的历史进程中，中国陵墓建筑得到了长足的发展，在历史演变过程中，出现了举世罕见的、庞大的古代帝、后墓群；陵墓建筑逐步与绘画、书法、雕刻等诸艺术门类融为一体，成为反映多种艺术成就的综合体。陵墓建筑大都利用自然地形依山而建，陵山前排列石人、石兽、阙楼等，也有少数建造在平原上。陵墓的布局大都是四周筑墙，四面开门，四角建造角楼。陵前建有甬道，甬道两侧有门阙石人、石兽雕像，陵园内松柏苍翠、树木森森，给人庄严肃穆之感。

明代是中国陵墓建筑史上的又一个高潮。明代除了太祖孝陵在江苏南京外，其余各帝陵都在北京昌平区天寿山，总称"明十三陵"。各陵都背山而建，在整个陵区前设置总神道，建石象生、碑亭、大红门、石牌坊等，造成肃穆庄严的气氛。其中定陵已经考古发掘，地下寝宫分前殿、中殿、后殿和左、右二配殿，全部用石材构筑。清代陵墓中前期的永陵在辽宁新宾，福陵、昭陵在沈阳，其余陵墓建于河北遵化和易县，分别称为"清东陵"和"清西陵"。建筑布局和形制因袭明陵，建筑雕饰风格更为华丽，但各陵神道分立，有的后妃另建陵墓，与明陵稍有不同。

二、陵墓祭祀

在古代等级制社会，陵墓的具体规模当然也有等级之差，不可逾越。古人从自然界的崇山大河、高树巨石中体验到超人的体量所蕴含的崇高，从雷霆闪电、狂涛流火中感受到超人的力量所包藏的恐惧。他们把这些体验移植到陵墓建筑中，巨大的体量和力量就转化成了尊严和显要。所以，君王的陵墓就特别高大，特称为"陵"或"陵墓"。"陵"字原意就是"高大的山"。从秦汉直到明清，帝王陵墓顶上都由巨大的土堆围合而成。

陵墓建筑的安葬祭祀是我国古代建筑的一个重要组成部分。古代社会盛行厚葬，因此，无论任何阶层对于陵墓的建筑皆倍加用心，不惜耗费巨额财力、大批人力去精心构筑。在历史进程中，陵墓建筑得到了长足的发展以至出现了举世罕见的、庞大的古代帝王、后妃墓群，如陕西的秦始皇陵、北京的明十三陵等。

秦始皇陵位于陕西临潼，是秦汉陵墓规模的集大成者。该陵基封土方形，约 350 米，呈三层方锥体台级状，全部人工堆成，现存残高仍有 43 米，顶上开阔平坦，曾发现有建筑构件，可能上面曾建有享堂。封土周围有两重陵墙，四向开门，以北门为正门。陵南枕骊山，北望渭河，地势南高北低，以北门为正门使骊山成为陵的天然背景。在陵园东墙外发现一批兵马俑，数量众多，有数千个高 1.8 米的武士俑，还有许多长 2 米的马俑，排成向东的方阵，气势雄伟，是陵园的地下守卫，表现了秦代高度的造型艺术水平和秦皇的赫赫武功。

唐代帝陵一般都依山为陵，充分利用自然孤山穿石成墓，形成宏伟壮观、气势磅礴之势，超过人工封土之高。高宗和武则天合葬的咸阳乾陵以梁山的主峰为陵山，高出陵前神道 70 多米，比秦汉一般二三十米的"方上"还要雄伟壮观。各陵墓以山峦起伏的北山为背景，南面横有广阔的关中平原，与终南、太白诸山遥相对望。渭水远横墓前，泾水萦绕其间，近有浅沟深壑，远望一马平

川，黍苗离离，广原寂寂之旷野，凸显出陵山主峰的雄伟气势。唐代陵墓在结合自然环境方面有很高成就，幅员辽阔，有着很强的地标性。唐陵还有一个特点，就是以整个陵区模仿都城，陵园规划和都城一样，渗透着严格的礼制逻辑，以突出皇权的尊严。

明清陵墓在运用风水学方面更加重视，成就也更大，形制也与汉唐宋以来的有所不同，明十三陵和清东陵、清西陵都是著名的例子。

三、牌坊宝顶

牌坊又名"牌楼"，为门洞式纪念性建筑物，是中国建筑文化特色之一。牌坊是封建社会为表彰功勋、科第、德政以及忠孝节义所立的建筑物，用来宣扬封建礼教，标榜功德。也有一些宫观寺庙以牌坊作为山门，还有的用来标明地名。牌坊也是祠堂的附属建筑物，昭示家族先人的高尚美德和丰功伟绩，兼有祭祖的功能。牌坊滥觞于汉阙，成熟于唐、宋，至明、清登峰造极，并从实用衍化为一种纪念碑式的建筑，被极广泛地用于旌表功德、标榜荣耀，不仅置于郊坛、孔庙，亦用于宫殿、庙宇、陵墓、祠堂、衙署和园林前和主要街道的起点、交叉口、桥梁等处，起到点题、框景、借景等效果，景观性也很强（见图5–1）。

牌坊就其建造意图来说也可分为六类：

图5–1　陵墓牌坊

一是庙宇坊。如曲阜孔庙牌坊。二是功德牌坊，为某人记功颂德所建。如山东桓台新城镇"四世宫保"牌坊，是明朝万历皇帝为当时兵部尚书王象乾所建。三是节孝坊。安徽歙县有许多这类牌坊。四是百岁坊（也称"百寿坊"）。与其他类型的牌坊相比，这类牌坊数量要少得多，如山东青州韩楼百寿坊、安徽泾县九峰村百岁牌坊。五是标志坊。标志坊多立于村镇入口与街上，作为空间段落的分隔之用。六是陵墓坊。这类牌坊多见于一些古陵墓中（见图5-2）。

在皖南徽州地区，牌坊是与民居、祠堂并列的闻名遐迩的建筑，被誉为古建"三绝"，几乎成了徽州的标志。古徽州现

图 5-2　陵墓牌坊

尚存有形态各异的牌坊 100 余处，被誉为"牌坊之乡"。树立牌坊是旌表德行、承沐后恩、流芳百世之举，是古人一生的最高追求。

宝顶即帝王陵墓中地宫上面凸出的馒头形的坟头。宝顶的形状有圆形的，也有长圆形的。明代陵墓中宝顶的形状多为圆形，而清代的大多为长圆形（见图5-3）。明清帝王陵墓的坟头部分被称为"宝城"。宝城的建筑过程是先在地宫之上砌筑起高大的砖城，然后在砖城内填土，并将土堆成一个圆形顶，顶部一般高于四边的城墙。砖砌的城墙上部还设有女儿墙，女儿墙上有垛口，看起来就像一座小城堡，非常坚固。这种加建女儿墙的砖城就叫"宝城"，或者说，砖

墙内的坟头这一区域合称为"宝城"①。

图5-3　清陵宝顶

四、享殿明楼

　　享殿即供奉灵位、祭祀亡灵的大殿，也泛指陵墓的地上建筑群。位于陵寝中轴线上的供奉饮食起居的"寝"宫前，是陵宫内最为重要的祭享殿堂。享殿是供帝王陵内死去帝王的子孙后代祭祀帝王的殿宇。祭祀帝王的子孙在殿内举行祭祀仪式。同时，这里也是帝王死后灵魂安息的地方，相当于帝王生前处理政务的金銮宝殿，象征皇帝死后在阴间依然是主宰一切的帝王。此外，天坛、太庙等礼制建筑中，用来祭祀天地、祖宗的殿堂也称为"享殿"②。

　　曲阜孔林享殿是祭祀孔子的圣地。通过孔林甬道石雕之后，便是祭祀天地、

①　王其钧：《中国建筑图解词典》，第209页。
②　王其钧：《中国建筑图解词典》，第209页。

祖宗的殿堂——享殿。此殿是祭祀孔子时排摆香坛、宣读祭文的地方，平时摆放祭祀礼器。该享殿为明弘治七年（1494 年）由六十一代孙、衍圣公孔弘泰所建。明万历二十二年（1594 年）重修，清雍正九年（1731 年）重修时改为黄琉璃瓦，以示达到最高等级。现存建筑 5 间，单檐黄瓦歇山顶，前有廊，殿内及廊下天花板均为贴金云龙。室内置供案，存有清世宗雍正修孔林"纶言"碑和清高宗乾隆御制诗碑，诗碑四面刻乾隆 5 次谒孔林诗 5 首。殿前东侧有 3 间值班房。

明楼为古代帝王陵墓正前的高楼。楼中立帝庙谥石碑，下为灵寝，明楼前有石几筵。明楼建筑在宝顶的正前方，明十三陵的 13 个皇帝陵墓中都建有方城明楼。不过，有的陵墓中的方城明楼与宝城之间有一点距离，而有的方城明楼的后部直接建在宝城城墙上，还有些方城明楼则是紧贴着宝城城墙建筑。方城明楼主要由上部的楼阁和下面的方城组成。方城非常高大，墙体正中往往开设有一个拱券形的门洞。

五、神道碑亭

陵墓神道是通往陵墓殿堂等处的大道，位于陵墓区的最前方，对进入陵区的人有一定的引导作用。从历史上看，神道的尺度有一个由小至大的发展过程。最初的神道比较短，并且道路两旁的石刻也比较少，汉代把陵墓神道中的"道"称之为"道路"，普遍认为神道即为"通向神灵之道"。这里的神灵有鬼神的意思。因为鬼神也包括逝者灵魂在内，所以神道也是通向逝者神灵之道，也就是墓道的意思。把神道当作墓道称呼和使用是汉代以后的事。汉代大将霍去病墓的神道是目前被发现的最早的神道。到了唐代，神道得到了较大的发展，不但道路加长，而且道路两侧的石刻也渐渐增多，大型的石刻"石像生"仪仗队已基本形成（见图 5-4）。明清时的神道更是有了较大的发展，单从其长度来说，明代时神道就已达到了 7500 米左右，而其后的清东陵神道更是长达 1 万多米。神道

两侧置放石人石兽，象征帝王生前的仪威，具有很高的艺术价值。竖在墓道上的墓表又称"神道表"或"神道碑"。

最先建陵的皇帝修建的主神道通常会直达其陵前，以后的帝王则在主神道的基础上向其他方向延

图5-4　神道

伸辅神道，通往各自的陵前。明十三陵是典型的帝王陵区布局，其祖陵为在北京登基的明成祖朱棣与皇后徐氏合葬的长陵。从大红门开始的7公里主神道就直抵长陵。

在明十三陵的大红门后方的神道上，矗立着一座体型宏伟的大碑亭，就是神圣功德碑碑亭。大碑亭为正方形，给人稳重感。碑亭下为红色墙体，墙体四面都开设有拱券门洞，上为重檐歇山黄琉璃瓦顶，辉煌富丽。神圣功德碑是用来歌颂皇帝圣德与功绩的。神圣功德碑的正面刻着《大明长陵神功圣德碑碑记》，另外还刻有清代乾隆皇帝撰写的《哀明陵十三韵》。

无字碑，也称"白碑"，指无字的石碑，为碑刻中一种很独特的现象。无字碑的出现多出于一些主观和客观的历史因素，比如因为墓主的好与不好无法言说；比如最初带有预留性质而最终没有完成；也可能原先有字，因为一些自然和人为的原因变成无字等。最著名的2块无字碑为泰山登封台下无字石碑和乾陵武则天无字碑。无字碑并非毫无价值，像乾陵的无字碑，反而更能给人提供联想的空间和思考的平台。

下马碑，是一块石制的碑，主要立在陵墓重要建筑群的前方。石碑正面刻有"官员人等至此下马"等字样。在陵墓、孔庙等前方立下马碑，让行经这里

的人都要下马、下车，以示对陵墓所葬之人的尊敬，也表明了这些建筑群非比寻常的地位。

六、陵墓雕刻

中国古人迷信灵魂不灭，特别是秦汉以来，统治阶级更加笃信天命，妄想死后继续享受无上的权力和奢华的生活，因此厚葬风气盛行。帝王陵墓及神道两侧前安设的石人、石兽等石雕统称为"石像生"，又称"翁仲"，是皇权仪卫的缩影。这种做法开始于秦汉时期，此后历代帝王、重臣沿用不衰，只是数量和取象不尽相同。作为陵墓建筑这一大规模的纪念性建筑组群的一部分，石像生的配置并无定制（见图5-5）。

图5-5　石像生

陵墓雕刻是中国古代陵墓艺术的重要组成部分，集中体现了特定历史时代的社会理想、审美形式和高超的艺术水平。古代陵墓雕刻艺术以寓意象征的手法表达特定的主题，雕刻技巧独特，整体造型稳定而强劲，形成了中国古代雕刻艺术独有的民族风格。

帝王和王公贵族的陵墓中有大量殉葬品，包括随葬俑。另外，还在墓前或墓周围设置石柱、石兽、石人等大型纪念碑式的石刻。可见，陵墓雕塑艺术是中国古代厚葬流行的产物，并集中体现了特定历史时代的社会理想、审美形式和雕刻技艺水平。

秦始皇兵马俑向世人展示了我国古代雕塑悠久的历史和辉煌的艺术成就。秦陶俑的艺术魅力首先体现在其数量和体量上，雕像的群体组合阵容气势宏大。陶俑依照皇家禁军真实的军容浩浩荡荡地排列为长方形军阵，给人们一种震撼

而又肃然起敬之感。秦俑的主要艺术特点是：手法写实，装饰夸张；性格鲜明，形象威武；在总体布局上，利用众多直立和跪立陶俑的重复，形成排山倒海之势，具有强烈的艺术感染力，让人心灵产生敬畏，从而流连忘返。

汉唐陶俑在数量和气势上虽不能与秦俑相提并论，但在反映社会生活的广度上及其形象刻画的生动传神方面更加细腻微妙。如汉代的"说唱俑""乐舞百戏"和唐代的三彩"徘优俑""参军戏"等，都富有浓厚的生活气息和审美趣味。

著名的唐"昭陵六骏"是以浮雕形式来表现的，即通过刻画伴随唐太宗在开国战争中受伤、牺牲的6匹战马来表彰唐太宗的丰功伟绩。乾陵是唐高宗与武则天的合葬墓。陵墓按唐太宗确立的"以山为陵"的体制，利用自然起伏的山势，在陵前形成一条纵贯南北的长长神道，石雕群则对称地配置在神道的两侧。这些体貌不同、高低错落、排列空间不等的石雕群，为整个陵区创造了十分神圣、庄严、崇高的气势。

中国古代陵墓雕刻的艺术成就还表现在独特的雕刻技巧和深沉雄浑厚重的气质上。它们都是根据天然整石雕凿而成，继承集圆雕、浮雕和线刻于一体以及我国传统玉石雕刻因势象形的塑造手法。整体造型稳定而强劲，形成了中国古代雕刻艺术独特的民族风格。这种深沉雄浑的气魄也体现出中国封建盛世豪迈进取的时代精神。

七、陕西秦始皇陵

秦始皇陵是中国历史上第一个皇帝嬴政的陵墓，位于我国陕西临潼城东5公里处的骊山北麓。秦始皇陵建于公元前246～前208年，历时近40年，是中国历史上第一座规模庞大、设计完善的帝王陵墓。

秦始皇嬴姓，赵氏，名政，出生于赵国都城邯郸，13岁继承王位，39岁称皇帝，在位37年。他是中国历史上著名的政治家、战略家、改革家，统一中国的第一

人。秦始皇建立了首个多民族的中央集权国家，并采用三皇之"皇"、五帝之"帝"构成"皇帝"的称号，是古今中外第一个称"皇帝"的封建王朝君主。

秦始皇即位不久，便开始派人设计建造秦始皇陵。秦始皇陵按照"事死如事生"的原则，仿照秦国都城咸阳的布局建造，大体呈"回"字形。宏伟壮观的门阙和寝殿建筑群，以及600多座陪葬墓、陪葬坑，一起构成地面上秦始皇陵的完整形式，而这种形式显然模仿的是秦都咸阳的宫殿和都城格局。

秦始皇陵南依骊山，北临渭水之滨，自然环境优美。整个骊山唯有临潼东至马额山脉海拔较高。这段山脉左右对称，像屏风一样立于秦始皇帝陵后，帝陵位于骊山峰峦环抱之中，与整个骊山浑然一体，南面背山，东、西两侧和北面形成三面环水之势。"依山环水"是秦始皇陵最主要的地理特征。（见图5-6）

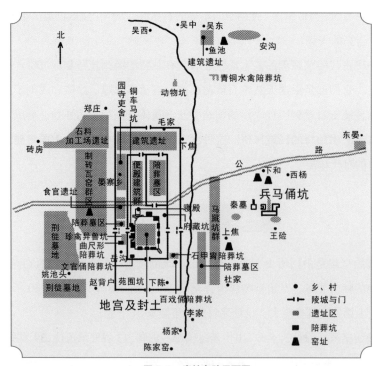

图5-6　秦始皇陵平面图

丞相李斯为秦始皇陵的设计者，少府令章邯监工。秦始皇陵工程之浩大、用工人数之多、建造持续时间之久都是前所未有的。陵园占地近 8 平方公里，陵墓近似方形，顶部平坦，腰略呈阶梯形，高 76 米，东西长 345 米，南北宽 350 米。整个陵园可分为四个层次，地下宫城（地宫）为核心部位，其他依次为内城、外城和外城以外，主次分明。

秦陵陵园的核心是地宫。地宫位于内城南半部的封土之下，相当于秦始皇生前的宫城。地宫外部是内城。内城是秦陵的重点建设区，其地面地下设施最多，尤其是内城的南半部较为密集。这种布局清晰地表明，内城南部为重点区。内城北半部的西区是便殿附属建筑区，东区是后宫人员的陪葬墓区。而南、北两部均属于宫廷的范围。再往外是外城，即内外城垣之间的外廓城部分，其西区的地面和地下设施最为密集。这种布局说明外廓城的西区是重点区，象征京城内的厩苑、囿苑及园寺吏舍。与内城相比，外城显然居于附属地位。最后是外城以外的地区。有 3 处修陵人员的墓地、砖瓦窑址和打石场等，北边有陵园督造人员的官署及郦邑建筑遗址，属于最次级边缘的地位。纵观陵区布局，整个陵园由南、北两个狭长的长方形城垣构成。内城中部发现一道东西向夹墙，正好将内城分为南、北两部分。形成了以地宫和封冢为中心、布局合理、气势恢宏、形制规范的帝王陵园。

历史上各种大大小小的古墓数不胜数。秦始皇陵作为世界上规模最大、结构最奇特、内涵最丰富的帝王陵墓之一，充分表现了 2000 多年前中国古代劳动人民的艺术才能，堪称世界之最，是中华民族的骄傲和宝贵财富。

八、内蒙古成吉思汗陵

成吉思汗陵简称"成陵"，是蒙古帝国第一代大汗成吉思汗的衣冠冢。它位于内蒙古自治区鄂尔多斯市伊金霍洛旗草原上，距鄂尔多斯市区 40 公里。

由于蒙古族盛行"密葬"，所以真正的成吉思汗陵究竟在何处始终是个谜。现今的成吉思汗陵经过多次迁移，直到1954年才由青海的塔尔寺迁回故地伊金霍洛旗。

成吉思汗是世界史上杰出的政治家、军事家。他于1162年出生在漠北草原斡难河上游地区（今蒙古国肯特省），1206年春天建立大蒙古国，此后多次发动对外征服战争，征服地域西达中亚、东欧的黑海海滨，1227年在征伐西夏时去世。成吉思汗陵墓对研究蒙古民族乃至中国北方游牧民族的历史文化具有极其重要的价值。

成吉思汗陵园占地55000平方米，陵园坐北朝南，殿宇飞檐，金碧辉煌。正殿高25米，平面呈八角形，重檐蒙古包式穹庐顶，上覆黄色琉璃瓦，房檐则为蓝色琉璃瓦。正殿中央是一尊高大的白玉石雕成吉思汗坐像。东西殿高18米，大殿东西总长100米。东、西两殿为不等边八角形单檐蒙古包式穹庐顶，亦覆以黄色琉璃瓦。后殿是寝宫，排列着3座用黄缎子包裹着的蒙古包。大殿内绘有大型彩色壁画，形象地描绘了成吉思汗非凡的一生及元帝国时代的社会生活和当时的风土人情。陵园四周围护着红色高墙，主体建筑由3座蒙古式的大殿和与之相连的廊房一字排开组成。在3个蒙古包式宫殿的圆顶上，金黄色的琉璃瓦在灿烂的阳光照射下熠熠闪光。圆顶上部有用蓝色琉璃瓦砌成的云头花，这是蒙古民族所崇尚的颜色和图案。建筑看上去非常雄伟，具有浓厚的蒙古民族风格。（见图5-7）

图5-7 成吉思汗陵

九、北京明十三陵

明清时代是陵墓建设史上的一个辉煌时期。明朝的开国皇帝朱元璋对陵墓制度作了重大改革。他将地上的封土堆由以前的覆斗式方形改为圆形或长圆形，取消了寝宫，扩大了祭殿建筑。清代沿袭明代制度，更加注重陵园与周围山川景致的结合，注重按所葬人的辈分排列顺序。

明十三陵是明朝迁都北京后13位皇帝陵墓的皇家陵寝的总称，依次有长陵（明成祖）、献陵（明仁宗）、景陵（明宣宗）、裕陵（明英宗）、茂陵（明宪宗）、泰陵（明孝宗）、康陵（明武宗）、永陵（明世宗）、昭陵（明穆宗）、定陵（明神宗）、庆陵（明光宗）、德陵（明熹宗）、思陵（明毅宗）。[①]

明十三陵建于1409～1645年。它坐落于北京昌平区天寿山麓，总面积120余平方公里，陵区占地面积达40平方公里，是中国乃至世界现存规模最大、帝后陵寝最多的一处皇陵建筑群。十三陵作为中华民族古老文化的一部分，与陵区自然景观交相辉映，已成为一处风景优美、文化内涵深刻的旅游胜地（见图5-8）。

明朝崇尚"事死如事生"的礼制，认为人死后不仅灵魂犹在，而且有饮食起居的需求。因此，这13座皇帝的陵寝建筑堪比皇宫，显示了帝王的尊崇地位和君临天下的浩大气势。在中国传统风水学说的指导下，十三陵从选址到规划设计，都十分注重陵寝建筑与大自然中的山川、水流和植被的和谐统一，追求形同"天造地设"的完美境界，用以体现"天人合一"的哲学观点。

明十三陵的自然环境具有青山环抱、明堂开阔、水流屈曲横过的特点，而各陵所在的位置又都背山面水，处于左右护山的环抱之中。与建在平原之上的

---

① 参见王其钧：《中国建筑图解词典》，第286页。

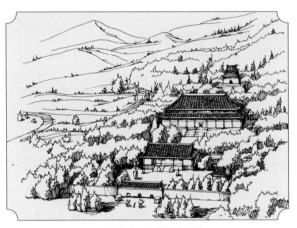

图 5-8　北京明十三陵

陵墓相比，这种陵址的自然景观更为赏心悦目，更能显示皇帝陵寝肃穆庄严、尊崇恢宏的气势。十三陵中长陵的楠木殿的规模在全国是绝无仅有的，无论从建筑形式、建筑结构，还是建筑艺术上看，都是明代建筑的典型代表。总之，明十三陵作为体系完整、规模宏大、气势磅礴的陵墓建筑群，具有极高的历史文物价值。

十、太原晋祠

　　祠庙建筑是应祭祀功能的需求而创造出来的。随着居住、宫殿等营造技术的发展，祠祀建筑由野外的坟、坛、石演变为有顶的庙宇。后又因祭祀仪式分工的专门化和古代人"事死如事生"观念的产生和深化而逐渐演变为寝殿、献殿、香亭的组合群体。

　　山西太原向西南行25公里，有一座山名"悬瓮"。山上原有巨石，如瓮倒悬。山脚有泉水涌出，就是有名的晋水。在这山下水旁，参天古木中林立着100余座殿、堂、楼、阁、亭、台、桥、榭，这就是古晋名胜——晋祠（见图5-9）。晋祠始建于北魏，为纪念晋国开国之君唐叔虞而建，曾名"唐叔虞祠""晋王祠"。

虞子燮继父位，因临晋水，改国号为"晋"，因此，后人习称为"晋祠"①。

晋祠的选址非常注重建筑与自然的和谐关系。建造者选择了晋阳城西南的悬瓮山麓，背负悬山，面临汾水，依山就势，利用山坡之高下分层

图 5-9　晋祠

设置，在山间高地上充分向外借景，依地势的显露、山势的起伏构成壮丽巍峨的景观。山坡上的建筑处于视觉注意力中的焦点，其整体趋势与山体内在的向上的趋势相呼应，获得了优美的天际轮廓线。

晋祠分为中、北、南三部分。中，即中轴线，从大门入，自水镜台起，经会仙桥、金人台、对越坊、献殿、钟鼓楼、鱼沼飞梁到圣母殿。建筑结构严谨，具有极高的艺术价值。北部从文昌宫起，有东岳祠、关帝庙、三清祠、唐叔祠、朝阳洞、待风轩、三台阁、读书台和吕祖阁。这一组建筑物大部随地势自然错综排列。南部从胜瀛楼起，有白鹤亭、三圣祠、真趣亭、难老泉亭、水母楼和公输子祠。这一组楼台对峙，泉流潺绕，颇具江南园林风韵。祠北浮屠院内有舍利塔一座，初建于隋开皇年间，宋代重修，清代乾隆年间重建，为七级八角形，高30余米，每层四面有门，饰以琉璃勾栏。登塔远眺，晋祠全景历历在目。

远观晋祠，西边山峦绵延，东边汾水长流，殿宇楼台优美的曲线隐约在山

① 参见梁衡：《古晋名珠——晋祠》，《语文教学通讯》1982 年第 8 期。

麓林梢。晋祠的环境气氛给予人的感受是直觉的、朦胧的，可意会但很难准确言传。绿水碧波绕回廊而鸣奏，红墙黄瓦随树影而闪烁，悠久的历史文物与天然的自然风景，浑然一体。

晋祠内有几十座古建筑，环境幽雅舒适，风景优美秀丽，极具汉族文化特色，是集中国古代祭祀建筑、园林、雕塑、壁画、碑刻艺术为一体的珍贵的历史文化遗产。

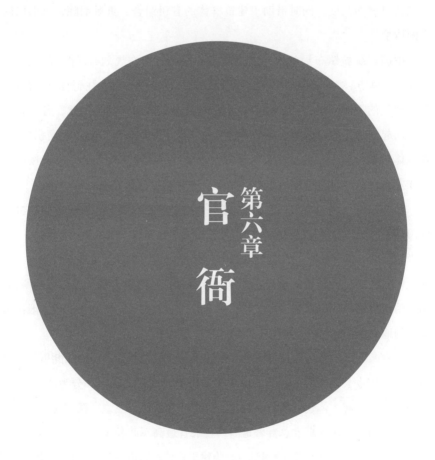

第六章

官衙

官衙是旧时对政府机关的通称，也称"衙门"。官衙建筑非常讲究群体组合。中国传统建筑几乎全为木结构，由于木料长短不一、粗细不均、易燃等局限性，建筑体量不可能很大。因此，只能利用巨大的台基作烘托以增加高度，同时借助于建筑群体的有机组合，重重铺陈，以形成巨大的体量。

中国传统城镇布局的原则之一是中心原则，即在规划布局时首先选择、确立中心基点，然后向四周扩展。就县城来说，这个中心点往往是官衙所在地。官衙建筑的规制不统一，主要取决于官衙自身的等级。即便如此，各类官衙建筑比起同时代的民居建筑还是要讲究、气派。官衙建筑大都占地面积较大，建筑体量相对高大，其总体布局是按封建统治的礼制来规划的，一般按中轴线作左右对称、层层进深的布局，显得秩序井然、气氛庄重。

官衙建筑一般包含仪门、大堂、六房、二堂等。仪门是县衙的礼仪之门，仪门东、西便门两侧与府衙六房构成廊道相通，并与府衙大堂相接，浑然一体，是坐轿、骑马的起止点。大堂巍峨森严，是举行重大典礼、审理重大案件、迎送上级官吏、接受圣旨的地方。大堂上方多悬挂"明镜高悬"等内容的匾额，以示清正廉明。六房指吏、户、礼、兵、刑、工书吏房。二堂是处理一般民事案件的地方。

现存最完好的官衙建筑有内乡县衙、保定直隶总督府、山西霍州署、浮梁古县衙。内乡县衙距今已经有700多年的历史，现存建筑大部分为清代所建。中轴线上排列着主体建筑大门、大堂、二堂、迎宾厅、三堂，两侧建有庭院和东、西账房等。保定直隶总督署是清代直隶省最高军政长官直隶总督的办公场所。霍州署位于山西霍州东大街北侧，始建于唐代。无论其位置选择、整体布局，还是建筑规模、形制设计，均为全国现存同类衙署之冠，是中国已知唯一一座保存较完整的古代州级署衙。浮梁古县衙位于瓷都景德镇北部，其建筑具有徽派与赣派相结合的特点。古县衙景区内保存有完好的五品县衙和宋代佛塔红塔。

一、官衙与基座

古时称官署为"衙门",别称"六扇门",即政权机构的办事场所。其实衙门是由"牙门"转化而来的。"牙门"系古代军事用语,是军队营门的别称。古时战事频繁,王者打天下、守江山完全凭借武力,因此特别器重军事将领。古时军事长官们往往将猛兽的爪、牙置于办公处。后来嫌麻烦,就在军营门外以木头刻画成大型兽牙作饰。营中还出现了旗杆端饰有兽牙、边缘剪裁成齿形的牙旗。于是,营门也被形象地称为"牙门"。

汉末,"牙门"成了军队安营扎寨的营门别称。这一称谓以后逐渐用于官府(见图 6-1)。唐朝以后,"衙门"一词广为流行。到了北宋以后,人们就一般只知道"衙门"而不知有"牙门"了。由"衙门"

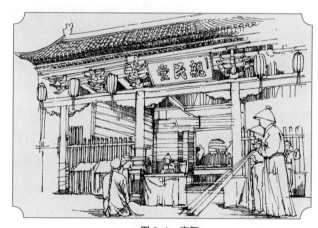

图 6-1 官衙

一词衍生出许多相关词语。如"衙役"指衙门里的一般差役,"衙内"指衙门里的警卫官员。因衙内多为官吏之子弟充任,所以过去的官吏之子弟有"衙内"之称。

官衙建筑的基座一般分为平直的普通基座、带石栏杆的较高级基座、须弥座式带石栏杆的高级基座、三层须弥座式带石栏杆的最高级基座四等。前两种士民、公侯可用,后两种只有宫殿或文、武庙等高级建筑才能采用。

基座由台明、台阶、月台和栏杆四个部分组成。台明是基座的主体部分，从形式上分为普通式和须弥座两大类型。台阶又称"踏道"，是上下台基的阶梯，通常有阶梯形踏步和坡道两种类型。

月台又称"平台"，是台明的扩大和延伸，有扩大建筑前活动空间及壮大建筑体量和气势的作用，形式和做法与台明相同。月台又分为正座台明和包台基月台。正座月台高度比台明低一个踏级，包台基月台又比正座月台低。月台、台阶、栏杆都是台基的附件，并非台基必须有，只有高体制的台基才配备所有附件。

二、仪门与大堂

仪门即礼仪之门，是指官署、邸宅进了大门之后的第二重门。"仪门"取孔子三十二代孙孔颖达《周易正义》中"有仪可象"之句而得名，是坐轿、骑马的起止点（见图6-2）。仪门在汉代称为"桓门"，汉代府县治所两旁各筑一桓，后二桓之间加木为门，曰"桓门"。宋避钦宗讳，改称"仪门"，即礼仪之门。明清衙署第二重门通称"仪门"，是主事官员迎送宾客的地方。有的官署的旁门也借称"仪门"，有的后门也称为"仪门"。仪门是县衙的礼仪之门，它不具备实际的功能，只是一种权力和地位的象征。

过去的很多节庆活动都与仪门相关。遇皇帝和皇后寿诞、春节、冬至等喜庆节日，县衙仪门之内张灯结彩。各州知县们都要提前率领僚属官员身着朝服、头戴朝冠在县衙大堂内练习上朝礼仪。每逢乡试，从县衙大堂前开始扎上龙门阵，结成彩楼，张灯结彩直到仪门，在县衙仪门往外搭上彩桥。新知县到任要祭仪门，即新知县接印时要先登仪门，行一跪三叩首礼。"护日月"（救护日食、月食的典礼）则是按礼部的勘会通知，提前在仪门至大堂之间张灯结彩，搭设花门彩棚。日食、月食那天在仪门内置一面金漆大鼓。遇忌辰，皇帝和皇后、印官的父母丧日，县

衙仪门外需供设忌辰牌位。府治喜庆大典、皇帝临幸、宣读诏旨或举行重大祭祀典礼活动时,也要大开仪门。可见,仪门是典礼、庆贺、祭拜的重要场所。清末,为避宣统帝溥仪之讳,一度将仪门改为"宜门"。

图6-2 仪门

三、六 房

六房是按中央六部对口而设之州县官衙的办事机构,一般由知州或知县委派幕宾代管,具体办事人员称为"胥吏",正式之名称为"典吏"。六房实际泛指典吏,也可作为典吏之代词。

六房之每房有房首,即为主之典吏,亦称"掌案"或"总书"。六房之公事繁简轻重不一,而以刑、户两房最为繁要。刑房主管民刑案件的票案、勘验、堂审、关押、文稿起草及归档等事;除房吏外,其下有管年、帮手、狱卒、仵作、稳婆、刽子手等人。户房主管赋税征收、催比、交纳、解运、仓储管理、民间房屋土地买卖、文契过户、纠纷处理以及经办荒歉缓免赈济等事。吏房经办吏胥的升迁调补、登记本州县进士、举人等在外地任官情况等事宜。礼房主管祭祀、庆典、儒学教育、生员考试以及主官出巡仪卫等事。兵房主管丁壮及马匹征集与训练、城防、剿匪以及驿站、铺兵等事。工房主管蚕桑、织造、公署修筑、银两销铸等事。故时人有以"富贵威武贫贱"六字谑指六房,意即"户富""吏贵""刑威""兵武""礼

贫""工贱"。

六房又依纵横分为左、右列和前、中、后行。纵排是左列吏、户、礼三房，右列兵、刑、工三房；横排是吏、兵二房为前行，户、刑二房为中行，礼、工二房为后行，体现了封建社会无处不在的森严等级。

四、雕　刻

中国传统建筑大多是木结构，所以木雕在传统建筑中也最为常见。木雕是利用木材进行雕刻加工、丰富建筑形象的一种雕饰门类，用于门窗、梁架、梁头、出檐、托木、陈设等，并根据部位的不同而采用不同的工艺、技法。像古代衙门内屋架等较高远的地方常采用浮雕或镂空雕法，手法简朴粗犷，适于远观。木材料的质感相对柔润，而带有一种自然的材质美，因此雕刻多用流畅的曲线和曲面，以表现出明快、柔美的风格。木雕种类很多，主要包括圆雕、线雕、浮雕，透雕、隐雕、贴雕等。

图6-3　砖雕

石雕也是雕刻中极为常见的一种装饰。石材料质地坚硬耐磨又防水防潮，因而外观挺拔、经久耐用，多作为古代衙门建筑中需防潮和需受力处的构件，如门槛、柱础、栏杆、台阶等。[1] 石雕种类和木雕相差无几，主要有线刻、浮雕、隐雕、圆雕等。

砖雕是以砖作为雕刻对象的一种装饰。它模仿石雕而来，但比石雕更为经

---

[1] 参见王其钧：《中国建筑图解词典》，第238页。

济省工，因而也被较多地采用，特别是在民间建筑中。在古代衙门建筑中，砖雕多用于大门门楼、影壁等处，表现风格力求生动、活泼。砖雕在雕刻手法上与木雕、石雕类似，既有石雕的刚毅质感，又有木雕的精致柔润与平滑，呈现出刚柔相济又质朴清秀的风格。（见图 6-3）

五、内乡县衙

内乡县衙位于河南南阳内乡城东大街，距离南阳市区约 60 公里。据《内乡县志》记载，县衙始建于元大德八年（1304 年），距今已经有 700 多年的历史。历经明、清两代多次维修和扩建，内乡县衙逐渐形成一组规模宏大的官衙式建筑群。

内乡县衙现存建筑大部分为清光绪二十年（1894 年）由知县章炳涛主持营建。内乡县衙坐北朝南，占地面积 8500 平方米。整个县衙建筑布局对称、合理紧凑、主次分明、井然有序（见图 6-4）。内乡县衙兼具我国南北方古建筑的文化艺术风格，是迄今中国唯一保存最完好的封建时代县衙，享有"北有故宫，南有县衙"的美誉。

中轴线上排列着主体建筑大门、大堂、二堂、迎宾厅、三堂，两侧建有庭院和东西账房等，共 6 组四合院，85 间房屋，均为清代建筑。

内乡县衙被誉为"中国四大古代官衙"。县衙建筑木制构件上全部采用花鸟彩绘，姿态各异，栩栩如生。大堂中间悬挂"内乡县正堂"金字大匾。大堂两侧设议事厅，后侧有平房两间，为衙皂房。过衙皂房即至重光门，回廊式的走廊围绕两侧配房。过重光门，两侧有重檐双回廊配房，正面为琴房，面阔 5 间。堂后院落两侧有配房，前后檐下皆有回廊，正面为迎宾厅。出迎宾厅又一进院落，正面为三堂，左、右为回廊式配房。

内乡县建筑群具有独特的建筑风格。它在整体布局上严格按照清代地方官

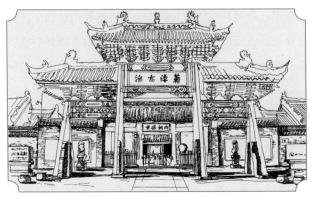

图6-4　内乡县衙

署规制，体现了古代地方衙署"坐北朝南、左文右武、前朝后寝、狱房居南"的传统礼制思想。整个建筑群融南北风格于一体，规模宏大，布局严谨，富有变化。"北京游故宫，内乡览县衙。"内乡县衙以其唯一而独特的优势、珍贵的历史价值、丰富的文化内涵、封建时代地方官衙完备的建筑规制和南北交融的建筑风格而享誉全国，被誉为"中华大地绝无仅有的历史标本"。

六、保定直隶总督署

　　河北省保定直隶总督署，又称"直隶总督部院"，是清代直隶省（今属河北）最高军政长官直隶总督的办公处所，也是我国现存最为完好的一座清代省级衙署。该署原建筑始建于元，明初为"保定府衙"，明永乐年间改作"大宁都司署"，清初又改作"参将署"。清雍正八年（1730年）经大规模的扩建后正式建立总督署。保定直隶总督署历经雍正、乾隆、嘉庆、道光、咸丰、同治、光绪、宣统8位皇帝，可谓清王朝历史的缩影。（见图6-5）民国年间，该署成为直系军阀的大本营；抗日战争和解放战争时期，该署又分别是日伪河北省政府、国民党河北省政府的驻地。

　　直隶总督署坐北朝南，为硬山式建筑，具有典型的北方衙署建筑风格。总督署是严格按照清朝关于省级衙署的规制修建的。整座建筑群总面积近3万平

方米，以两条南北街道相隔，分为东、中、西三个部分，称之为"东路""中路"和"西路"。各路均为多进四合院格局，主体建在南北向的中轴线上。包括大门、仪门、大堂、二堂、官邸、上房等，并配有左、

图6-5　保定直隶总督署

右耳房、厢房等。其他辅助建筑如花厅、幕府院等分列在东、西两路。这些建筑均为布瓦顶、硬山式建筑，形成典型的北方衙署建筑群。

总督署大堂共5开间，大堂是总督署的主体建筑。堂前有抱厦3间，堂外有砖砌的13米见方的露台。以黑色为基调的大堂布置得森严肃穆，该堂是举行重大庆典活动的场所。

直隶总督署是前朝后寝的格局，朝、寝的分界线就是二堂之后的内宅门。内宅包括三堂和四堂，是总督的书房和内签押房（办公室）。这里花木繁茂，是总督及其家眷生活居住的地方。

虽然走过了200多年的悠悠岁月，如今的直隶总督署依然保留着原始古朴的建筑风貌。其建筑布局既继承了前代衙署的特色，又受到了明清北京皇家宫殿建筑布局乃至民居建筑规制的影响，形成了自己独有的风貌。

七、山西霍州署

霍州署位于山西霍州东大街北侧，无论其位置选择、建筑规模还是整体布局、形制设计，均为全国现存同类衙署之冠，是中国已知唯一一座保存较完整的古代州级署衙。霍州署作为州治衙署，始建于唐代，后经陆续增补修葺，日臻完善，现存古建筑多为元、明、清时期的遗址。（见图6-6）

图6-6　霍州署大门

霍州署占地面积近4万平方米，由南而北分中、东、西三轴线，呈现为3个建筑群。以中部轴线为主的州署建筑基本保存完好，现存面积为18700平方米。

署内的主体建筑大堂是一座元代建筑。该建筑雄伟高大，古朴典雅，结构奇巧，工料俱佳，是元代建筑艺术之精品。大堂坐北朝南，面阔进深各5间，占地面积300多平方米，脊顶距地面高10米。从远处看，会令人产生巍峨壮观、凛然森严之感。堂内上下既不雕梁画栋，也不彩绘墙壁，给人一种朴实无华、庄严肃穆的感觉。大堂的营造法式为"偷梁减柱造"，明间宽阔，梁架檩柱的选材用料均不刨不旋，顺其自然。粗头尽其材，细头稍加垫，这种独具匠心的木构营造法式充分展现了元代粗犷豪放、庄重威严的建筑风格，成为我国元代建筑史上现存的一处典型范例。此大堂建筑还有一奇妙之处，即面

阔三间，心间阔而梢间稍狭，四柱之上以极小的阑额相连，其上都托着一整根极大的普柏枋，将中国建筑传统的构材权衡完全颠倒。

霍州署有着独特的文化地位。在由北京故宫、河北保定直隶总督署、河南内乡县衙、山西霍州署共同构成的四级古代官府文化体系中，霍州署历史最为悠久。霍州署建筑对研究古代政治制度、法律制度、官吏及科举制度等有着非常重要的作用。

八、浮梁古县衙

浮梁古县衙位于瓷都景德镇北部 8 公里，地处长江中游的中心地区。浮梁县城历经唐、宋、元、明、清诸代至民国四年（1915 年），长达 1100 余年。（见图 6-7）

浮梁古县衙是我国江南唯一保存完整的封建时代县级衙署，有"中国第一县衙""江南第一衙"之美称。现保留中轴线上的有照壁、头门、仪门、衙院、大堂、二堂及三堂，基本保持了县衙原有风貌。整座建筑坐北朝南，错落有致，廊道相接，浑然一体，具有徽派与赣派相结合的特色，庄严和轻松并存，厚重与俏雅生辉。游历古县衙，在欣赏"奇妙"建筑艺术的同时，也可感受封建衙门官府的威严气派。浮梁古县衙是由封建皇帝钦定的全国唯一一座五品县衙，为中国品位最高的县衙。据史载，唐开元二年（714 年），唐玄宗李隆基任命五品官柳国钧为浮梁县令。自此以后的 1200 年中，浮梁知县多为常制七品但却享受五品的待遇。县衙内现仍存有一块乾隆三十三年（1768 年）的奉旨碑——"特调浮梁正堂加五级"。可见浮梁古县衙地位显赫，非同一般。①

值得一提的是，浮梁古县衙里有众多的匾额、楹联，对仗工整，富意深刻。

---

① 参见程程：《千年古城—浮梁县衙》，《中外建筑》2013 年第 9 期。

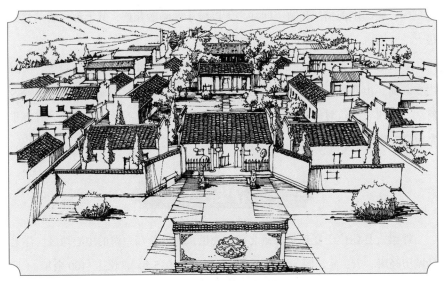

图 6–7　浮梁古县衙

如大堂内上方的对联为："铁面无私丹心忠，做官最怕念叨功；操劳来是分内事，拒礼为开廉洁风。"三堂的楹联为："得一官不荣，失一官不辱，勿说一官无用，地方全靠一官；吃百姓之饭，穿百姓之衣，莫道百姓可欺，自己也是百姓。"至今读来仍有借鉴意义。

第七章

会馆建筑

会馆建筑是中国古建筑中具有特殊用途的一种建筑类型，其出现是我国封建社会后期商业经济发展的表现。会馆是古代商人集资建造的供联谊聚会、商务活动、会谈交流、文化娱乐、饮食住宿的综合性公共建筑。中国封建社会后期，商品经济开始发展，大量商人在全国各地流动。为了商业利益和自我保护，他们建立起各种各样的行会组织，并建立起组织内部活动的场所——会馆。[1]

会馆的正式出现是在明代。但实际上具有会馆性质建筑的出现最早可以追溯到汉代。当时的京城长安城里已经有了外地同乡人的邸舍，类似于一种接纳同乡人的旅馆。唐宋时期也有此类建筑。到了明清时代，会馆建筑开始盛行。嘉靖、万历时期，会馆趋于兴盛，清代中期最多。随着明清时期人口的迅速增加，水陆交通条件的改善和城市化程度的提高，大量商业会社和商帮出现。基于共同利益而自筹资金建立的工商会馆成为行业自治的标志。

会馆一般分为两类：行业性会馆和地域性会馆。行业性会馆主要由同行业的商人们集资兴建，如盐业会馆、钱业会馆等；地域性的会馆主要由旅居外地的同乡人士共同建造，如山西会馆、广东会馆等。凡商业发达的地方都有很多会馆，其中以北京数量最多、最集中。[2] 同时，会馆还扩展到天津、济南、上海、南京、汉口、杭州、开封、广州等地，几乎遍布全国各省。

早期的会馆建筑通常比较简单，主要接待本籍举子及官员，后经捐资修建或增建，逐渐脱离了早期的简陋，日趋富丽堂皇起来。规模较大的会馆有四五进院和几层跨院，还附有花园和游廊。大多数会馆建有聚会、筵宴的场所，有戏台以备聚会演出之用，还建有祭祀神仙或乡贤的庙宇。现存比较有名的会馆建筑有山东聊城的山陕会馆、四川自贡的西秦会馆、广西百色的粤东会馆和江

① 参见柳肃：《湖湘建筑》（一），湖南教育出版 2013 年版，第 194 页。

② 参见柳肃：《营建的文明》，清华大学出版社 2014 年版，第 320 页。

苏苏州的全晋会馆。

现存的不少会馆建筑是现代人走进历史的窗口，也是建筑的博物馆，为中国会馆建筑的研究提供了珍贵的样本资料。同时，会馆也是海内外移民表达思乡之情的场所。这一座座饱经风雨、历尽沧桑的会馆建筑以其特有的古韵和魅力名播中外。

一、会馆布局

过去会馆的选址比较讲究，需要一个既有利于财源广进又能显示其地位、气势的位置。会馆多集中于城内。在商业都市，会馆集中分布在商业区内，如苏州半数以上的会馆分布在阊门外商业发达区域。在手工业较为发达的城市，会馆的分布相对分散，这样原材料、燃料的取材更为便利。在外来人居住的区域，会馆一般分散设置在郡县场镇。

会馆是一种特殊的公共建筑，其主体建筑大多仿照庙宇式建筑建造，也有许多会馆是由住宅演变而来的。会馆一般设有山门、戏楼、看厅、大殿、厢房、客房、膳食房、长廊、水池、花园、钟鼓楼等。会馆的规模相差很大，大的会馆由10多个院子组成，小的会馆仅有1座三合院。其建筑规模、风格样式因各地的财力、文化、地域差异而有所不同。但从大量的会馆建筑来看，大致应包括以下几个组成部分：戏台，位于大门入口处之上（戏台下之通道为入口），供文化娱乐用；院坝，位于戏台前的宽敞空间中，供露天观戏、乡亲聚会用；议事厅，位于戏台正对面，在其两侧配有耳房，供会首议事及管理人员食宿用；大殿，或称"主殿堂"位于议事厅正对面，供祭祀神祇或先贤用；厢房，位于院坝左右两侧，供乡友读书和食宿用。会馆的这几个基本组成部分体现出会馆的社会功能。会馆这种建筑形式由于其特殊的公共建筑性质而包含了较为丰富

的社会文化内涵。①

会馆的布局多符合礼制，即在中轴线上布置主要房屋，坐北朝南，最南端为戏楼，次为客厅，再次为正厅和东、西两厢房。有的会馆还设有魁星楼，有的会馆则设置假山，建亭挖池。② 明清会馆中有的呈现出园林化的发展趋向。如清代北京的休宁会馆原是明代相国许维桢的宅第，是一座徽派风格比较明显的砖木结构建筑。其屋宇宏敞，廊房幽雅，内有三大套院和一个花园。套院里有文聚堂、神楼、戏台，还有碧玲珑馆、奎光阁、思敬堂、藤间吟屋等，花园里则有云烟收放亭、子山亭、假山、池水等园林建筑。

二、会馆门楼

会馆建筑一般按传统的基本格局进行排列组合，即强调轴线两侧均衡对称，突出轴线上的建筑，通过屋顶的形式、面阔进深的大小、构件雕刻的繁简等来区分建筑的主次级别。如山门，又称"三门"或"牌楼"，为四柱三间牌坊式门楼。四根柱子的柱础均为圆雕的狮子，中间两柱正面阳刻楹联，字体雄浑，气魄宏大。中间石质门框和门楣石上遍雕蝙蝠图案。

会馆门楼一般是主要出入通道，也是会馆的门面，反映出一所会馆的社会影响和规模。门楼一般多用广亮门或金柱门。有些规模较大的会馆在大门左、右各放一对石狮子或一对石鼓。石狮子、石鼓不仅具有装饰美，且有驱鬼保安之意。现存的许多会馆的门楼大都是顶部有挑檐的建筑，门楣上有双面砖雕，一般刻有"紫气东来""竹苞松茂"等匾额（见图7-1）。

---

① 参见王雪梅、彭若木：《四川会馆》，巴蜀书社2009年版，第68～69页。
② 参见王日根：《乡土之链——明清会馆与社会变迁》，天津人民出版社1996年版，第266页。

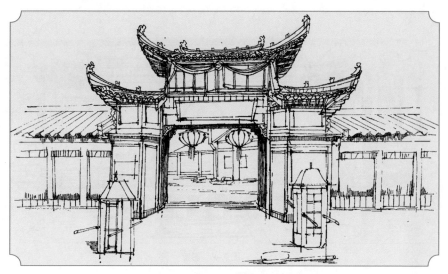

图 7-1　门楼

三、影　壁

　　影壁又称"照壁""屏风墙"，是传统建筑特有的组成部分。有一种说法认为，影壁是中国受风水思想影响而产生的一种独具特色的建筑形式。影壁的主要功能是"隔"，具有挡风、遮蔽视线的作用，墙面若有装饰则形成对景效果。

　　影壁可位于大门内，也可置于大门外，前者称为"内影壁"，后者称为"外影壁"，还有立在大门两侧及其他位置的。影壁通常由座、身、顶三部分组成（见图 7-2）。从材料上看，影壁主要为砖影壁和琉璃影壁。琉璃影壁主要用于宫殿与寺庙建筑，砖影壁则大量用于民间建筑，是中国传统影壁的主要形式。石制影壁和木制影壁比较少见。山西王家大院朝南的每座门前都立有一座体量宏大的影壁。壁心由石材做成插屏状，上刻图案雕饰和文字；背面是一个

图7-2 影壁

巨大的麒麟，做工讲究，雕刻精美。大部分影壁从整体外形来看多为整齐的一面墙体。有的建筑大门对面的影壁呈"八"字形向内收进，增加了门前广场的内聚力。

大堂的屏风是重要的装饰品，其造型图案及文字既能表现高雅情趣，又能为人们祈福迎祥（见图7-3）。屏风凝聚着手工艺人富于创意的智慧和巧夺天工的技艺。作为传统家具的重要组成部分，屏风一般陈设于室内的显著位置，起到分隔、美化、挡风、协调等作用。它与古典家具相互辉映，浑然一体，呈现出一种祥和之美。

图7-3 屏风

四、宗祠楼宇

宗祠即祠堂，是供奉祖先和祭祀的场所，也是宗族兴旺的象征。宗庙制度产生于周代。上古时代，士大夫不敢建宗庙，宗庙为天子专有。宋代朱熹提倡家族祠堂，祠堂是族权与神权交织的中心。宗祠体现宗法制家的特征，是凝聚家族团结的场所，它往往是城乡中规模最宏伟、装饰最华丽的建筑群体，成为具有地方特色的独特的人文景观。宗祠记录着家族的辉煌与传统，是家族的圣殿，也是家族悠久历史和传统文化的象征与标志。祠堂的建筑大多讲究风水，通常是在祖先最先居住的地方将旧房改建成祠堂。一些家族建宅时，往往先建祠堂。在传统的民族文化中，宗祠文化是不容忽视的宗族文化，它根植于社会的各阶层之中，在中国大地上代代相传，生生不息。

崇拜祖先并立庙祭祀的现象在原始社会后期即已存在。宗祠在建筑规制上要求体现出礼尊而貌严。自南宋到明初，一般的祠堂都是家祠。明世宗采纳大学士夏言的建议，正式允许汉族民间皆得联宗立庙，从此宗祠建筑到处可见。自明清以来，祠堂成了宗族祭祀先祖、举办宗族事务、修编宗谱、议决重大事务的重要场所。

中国人是世界上最早有祖先崇拜的民族。每个家族中往往都有一处场所来供奉祖先的神主牌位。所

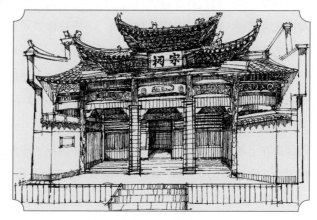

图 7-4　宗祠

以，旧时的每个家族都会有本家族的祠堂，目的是让子孙们每提起自家家族堂号就知道本族的来源，纪念祖先功德（见图7-4）。

虽然宗祠是封建社会遗留下来的产物，但在当今也有其新的存在意义和社会作用。随着改革开放和全球华人寻根热潮的兴起，许多宗祠被新建和修复，族谱被续修，而海外华人则不断翻新旧宗祠，联络故众。可以说，今天的宗祠已经少了"宗族主义"的作用，只具有帮助人们寻根问祖、缅怀先祖、激励后人、互相协作的积极意义，对于加强中华民族的凝聚力和中华民族的团结产生了巨大的作用。

五、戏 楼

戏楼又叫"戏台"，是供演戏使用的建筑。中国传统戏曲的演出场地种类繁多，在不同的历史时期有不同的样式特点和建造规模。最原始的演出场所是广场、厅堂、露台，进而有庙宇乐楼、宅第舞台、酒楼茶馆、戏院及近代剧场和众多的流动戏台。戏楼的分布极为广泛，从城市到农村，从平原到山区，有人群聚集的地方，几乎都设有或繁或简的戏楼。戏楼就是中国人的剧场，形态各异的戏楼成为中国人特有的戏剧观演场所。一座戏楼如同一座博物馆，记载着中国戏曲艺术数百年来的兴衰沉浮。

中国古代的戏楼在不同的历史时期有着不同的建造规模和特点。从最原始的演出场所发展到庙宇乐楼、会馆戏楼、戏园及近代的剧场和众多的流动戏台等。清代末期，受西方剧场的影响，产生了新型的戏院。清同治十三年（1874年），英国人在上海建起了一座欧式剧场。这是中国第一座现代化剧场，其台口为镜框式，客座为三层楼，为中国剧场的建筑样式提供了借鉴。

中国的戏楼有其独特的建筑特征：戏楼三面敞开，一面留作后台，舞台台面空间简单，但外延空间较大。早期的歌舞杂技表演场门作用较单一，只用来

登场、退场。有故事情节的杂剧产生后，逐渐在社会上传播开来，场门的各种名称也多了起来。宋代苏轼诗："搬演古人事，出入鬼门道。"鬼门道也称"上下场门""古道门"。剧情的上下场门有时间和空间的情节，随着剧情展开而不断变化。剧情的上下场门上挂锦缎绣花门帘，与大帐相呼应，俗称"门帘台帐"。上场门绣"出将"，下场门绣"入相"。

　　戏楼的空间处理具有空灵通透的特点。广场、厅堂、厢房、回廊等都可以融入观演空间。在中国，北为正位，南为下位，戏楼的建筑都是避开正位而建造，大多坐南朝北，或东西向，面对主体建筑。戏楼在建筑上的另一个重要特色是它的细部装饰：戏台前立柱上的对联、屋脊、壁柱、梁枋、门窗、屏风及其他细小构件上运用的雕刻、彩绘、装饰都有无穷的魅力。彩绘多运用青绿彩、土朱单彩，雕刻则有浮雕、透雕等，与彩绘结合，在整体上造成一种鲜艳夺目的舞台效果（见图 7-5）。

图 7-5　戏楼

六、聊城山陕会馆

　　山陕会馆是山西、陕西两省商贾联乡谊、祀神明的处所，集精巧的建筑结构和精湛的雕刻艺术于一身，是中国古代宫殿式建筑的杰作。陕西、山西两省在明清时代形成两大驰名天下的商帮——晋商与秦商。山陕商人结合后，在很多城镇建造山陕会馆，形成一股强劲的商业力量。明清时期，聊城商贾云集，

图7-6　聊城山陕会馆

东关运河沿岸有山陕、江西、苏州、赣江、武林等八大会馆，其中山陕会馆是唯一保存至今的会馆建筑（见图7-6）。

山东省聊城山陕会馆位于城区的南部、运河西岸，是清代聊城商业繁荣的缩影和见证。该会馆始建于清乾隆八年（1743年），是山西、陕西的商人为"祀神明而联桑梓"集资兴建的，耗资巨大。从开始到建成共历时66年。

会馆东西长77米，南北宽43米，占地面积3311平方米。整个建筑包括山门、过楼、戏楼、夹楼、钟鼓二楼、南北看楼、关帝大殿、春秋阁等部分。在全国现存的会馆中，聊城山陕会馆的建筑面积不算很大，但是其精妙绝伦的建筑雕刻和绘画艺术却是国内罕见。沿中轴线由东到西依次为山门、戏楼、钟鼓楼、南北看楼、碑亭、中献殿、关帝殿、春秋阁。从山门到春秋阁3个院落逐渐增高，错落有致，各单体建筑互相连接，布局紧凑。门楣上方中间嵌条石一块，上刻"山陕会馆"四个大字。

大殿是会馆的中心建筑，由献殿和复殿前后组成，檐部有天沟相接。献殿与复殿又各分为正殿和南、北配殿，前后左右共6殿。正殿房面高于南、北配殿，献殿为卷棚顶，复殿为悬山顶。正殿房面覆绿色琉璃瓦，前、后房面中央各镶嵌有菱形状黄、绿琉璃瓦，南、北配殿覆灰筒瓦。

春秋阁为会馆最后面、最高大的殿宇。面阔3间，上、下2层，单檐歇山，

灰筒瓦顶，斗拱抬梁式结构。阁前廊有4根木质檐柱，前廊额枋均为木刻透雕，雕饰人物和牡丹、金瓜、花卉等。阁左、右各附设一座望楼，上、下各一间。春秋阁过去也是供奉关帝的处所。①

聊城山陕会馆是历史上山东聊城商业发达、经济繁荣的见证。会馆建筑群集中国传统建筑文化之大成，融中国传统儒、道、佛三家思想于一体。整个建筑布局紧凑，错落有致，连接得体，装饰华丽，堪称中国传统建筑的杰作。它的石雕、木雕、砖雕和绘画工艺更是中国建筑艺术的精品，对于研究中国的古代建筑史、运河文化史、书法绘画等都具有极高的资料价值。

七、自贡西秦会馆

四川自贡是井盐名城，遗存了大量的盐业历史文化。西秦会馆又名"陕西庙""关帝庙"，坐落于自贡自流井区，前临繁华商业区，后倚风景秀丽的龙凤山，殿阁巍峨，造型奇特。会馆始建于乾隆元年（1736年），落成于乾隆十六年（1751年），前后历时16年，是清代到自贡经营盐业的陕西籍盐商集资修建的聚会议事、联络同乡的会馆。

我国古代建筑群基本采用沿轴线南北方向纵深、对称布置的布局形式。西秦会馆也是照此传统布局兴建的。会馆布局总体方正，强调对称，中轴线上布置主要厅堂，周围则用廊楼阁轩以及一些次要建筑环绕衔接，四周以围墙环绕，围合成大小若干个院落，从而形成一个完整的空间序列。

西秦会馆整个建筑群富丽堂皇，造型奇特，奔放腾越，飞檐重阁，宽敞明亮。会馆占地面积4000多平方米，整个建筑群由前至后可分三个部分：一是正面的武圣宫大门、献技楼，两侧的贡鼓、金镛二阁。各建筑物间用廊楼相接，与后

---

① 参见姜继兴：《山陕会馆》，《城乡建设》2004年第7期。

图7-7 自贡西秦会馆

面的抱厅相望，构成四合院落，中间庭院开阔疏朗。二是以参天阁为中心，客廨列居左右，后为中殿，前有抱厅。参天阁两侧配以水池花圃，建筑比肩接踵，密中有疏。三是正殿和两侧的内轩、神庖。整个建筑物的高度及体量由前到后逐渐增加。单体建筑内部由几根大柱承托各种横梁，组成坚实的框架，上有外观奇特的复合大屋顶。屋顶造型有歇山式、硬山式、重檐六角攒尖式和重檐庑殿式，为明、清两代建筑中所罕见（见图7-7）。

西秦会馆设计精巧，融明、清两代的宫廷建筑与民间建筑风格为一体。建筑群在布局上因地制宜，把整个建筑群分成若干建筑单位的各个部分合理规划，并沿86米长的地基中轴线建造主要的殿阁厅堂，周围则用廊、楼、轩、庑以及一些次要的建筑环绕和连接，形成了一处有纵深、有立体、有层次的建筑群。整个建筑群由前至后层层叠叠逐渐升高，给人一种层次分明、布局规整有序的感觉。在建筑造型上也是匠心独运，将若干不同形制的屋顶巧妙地组合起来，构成复合型的大屋顶，更增加了建筑的雄伟气魄。

在四川自贡盐业历史发展中，西秦会馆是不可多得的建筑文物；在中国传统建筑中，西秦会馆是耀人眼目的瑰宝；在中国会馆演进进程中，西秦会馆是弥足珍贵的精品。这座饱经风雨、历尽沧桑、屹立200多个春秋的会馆以其特有的古韵和魅力名播中外。

八、百色粤东会馆

　　百色位于广西壮族自治区西部，是通往云南、贵州的咽喉，四季可通航，百轮货轮可直通广州、香港等地。随着当时商业的发展，西南各地，尤其是广东的商贾云集百色。百色城内相继建立起专为各地商人提供服务的会馆，诸如粤东会馆、云南会馆、贵州会馆等。其中以粤东会馆规模最大、最豪华、最讲究。

　　粤东会馆是百色修建的最早的会馆，是广东、广西、贵州、云南等西部地区的商贾富豪经商议事的茶楼。会馆始建于康熙五十九年（1720年），由广东大商人梁煜领头兴建。此后又重修过两次。第一次在清道光二十年（1840年）。建筑工人来自广东，建筑用的木材及花岗岩等材料也都从广东运来，工程历五六寒暑，费2万余资。这次修建奠定了现存的建筑规模。第二次修建在清同治十年（1871年）。经过这次装饰性修建，会馆的外观显得更为华丽壮观。粤东会馆的建筑风格独具岭南特色，殿宇庑廊、庭院通道布局严谨，砖木雕刻、水墨壁画精美细致，具有相当高的艺术价值（见图7-8）。

图7-8　百色粤东会馆

　　粤东会馆作为一座砖木结构的古建筑，具有广东古建筑的传统和艺术风格。整个会馆建筑占地

面积 2000 多平方米，建筑面积 2600 多平方米。会馆建筑严格按照传统的中国建筑布局，突出"中轴明显，左右对称"的特点，纵轴建筑设前、中、后三大殿，主体建筑平面呈长方形，总体以三进三路九院布设。会馆坐西向东，整组建筑以中路为主线，两边厅堂，厢房围合，六院穿插。主次建筑之间以青云巷相隔，长廊相连；殿宇庑廊，布局严谨。庭院通道铺设红色阶砖和长方形条石，殿堂廊下全由实木大圆柱或花岗岩方形石柱支撑。中间的主体建筑——三大殿的内山墙上，现今还完整保存着十分精美的融古建、书法、雕塑、绘画艺术于一体的水墨壁画。会馆一层的一进大殿为迎宾大厅；二进大殿是会馆建筑的中心，是当年商人议事聚会的地方；三进为神殿，供奉着关公座像；左、右厢房略微低矮，风火山墙呈"人"字形。二层为阁楼，楼高，设木栏杆，楼前有天井，独立成院。

粤东会馆古建构架不费一钉一铆，全靠抬梁式与穿斗式混合结构的楹梁架，大梁往上通过瓜柱支撑，层层垒叠直至通过衍条传予瓜柱后才传给下层梁，每逢梁架的大梁各自作榫插入前后檐相应的石质檐柱上，大梁的另一端则支于共同的承重纵墙上。这种建筑结构在建筑史上具有很大的研究价值。百色粤东会馆作为广东人与家乡联系的中转站，在当地广东人心中发挥了不可替代的作用。

九、苏州全晋会馆

明清时期，苏州地理位置优越，交通条件便利，经济繁荣昌盛，是商贾云集之地。作为商贸组织的会馆，也在此地应运而生并且不断发展。被誉为"金阊门"的阊门地区，更是会馆云集之地。仅一条山塘街上，前后出现的会馆就多达 12 座。全晋会馆（又称"山西会馆"）是其中的经典杰作（见图 7-9）。

明清时期，山西商人在江南经商极为活跃。在苏州，山西商人"来苏办货者，

向从浦口行进，向来久矣"。大量的山西商人来到苏州，他们不仅遇到人生地不熟、语言交流不便的困难，而且遇到了苏州地区商业竞争越来越激烈的状况。为了巩固自己的商业利益，山西商人广泛联络在苏晋商，共同协商，合力

图7-9　苏州全晋会馆

对外。会馆就是山西商人们交流商情、联络感情的重要场所。据记载，苏州明清时建有2所山西会馆，一处为全晋会馆，另一处是翼城县商人建的翼城会馆。

全晋会馆按建造年代先后和地址分为老馆和新馆。老馆始建于清代乾隆三十年（1765年），地址在阊门外山塘街半塘桥堍。会馆由山西寓苏的汇票、印账和办货的三帮晋商集资兴建。光绪五年（1879年），在众多晋商的要求下，全晋会馆择址平江路中张家巷，易地重建，是为新馆。新会馆占地6000平方米，整个格局坐北朝南，分为东、中、西三路。[①] 中路为正路，依次排列头门、戏楼和正殿等。头门为单檐歇山顶，面阔3间，进深5间，脊柱间各设将军门1座，明间两扇黑漆门扉绘有工笔重彩门神，并置抱鼓石一对。沿街门厅3间，门前"八"字影壁墙，门两侧上方各有1座鼓吹楼。门内戏楼由戏台及东、西厢看楼组成。戏楼两层，底层为仪门及两廊，楼层由北向南伸出式戏台、横列5开间的后台和左、右各纵联5间的厢楼组合而成。戏台为歇山顶，檐下上额枋雕饰戏文、龙凤、花卉，

① 参见荣浪：《山西会馆》，《行走天下》2008年第10期。

斗拱木雕贴金，光彩夺目。

　　1986 年 10 月，在纪念苏州建城 2500 年之际，修复后的全晋会馆作为苏州戏曲博物馆的载体正式开放，会馆挂牌为"中国昆曲博物馆"。如今的全晋会馆已成为苏州古城平江历史街区的重要人文景观之一。

第八章

书院建筑

中国古代书院始创于唐，繁盛于宋元，延续千年之久。直至近代，才逐渐为新式学校所取代。在上千年的发展进程中，书院文化内涵丰富、博大精深，形成了以人格修养为宗旨的尚德精神、以"经世致用"为特点的务实精神、以薪火相传为特征的创新精神。

历代书院对选址极为讲究，多依山傍水，师法自然。书院以陶冶心灵、清静潜修为宗旨，故大多设于文物荟萃、山水秀丽之地。书院园林的格调崇尚自然，取于自然，讲求清幽、雅淡，文人气息十分浓郁。这种营建和规划不仅完善了书院建筑的规模形式，更重要的是提升了书院园林的意境，使之成为中国古典园林的典范之一。

书院的主体建筑多采用中轴对称布局，这种布局充满着秩序井然的理性美，有助于创造端庄凝重、平和宁静的空间意境。从规划设计、建筑造型到建筑装饰，形成了一整套完备的建筑规范体系。如岳麓书院东西轴线上依次排列的主要标志性建筑，体现了择中而居的传统礼制思想。祭祀和讲学在书院建筑布局中表现为"左庙右学"，体现了中国传统建筑文化"左尊右卑"的思想。此外，书院建筑群以"复道重门"区分内外，符合中国传统建筑的"门堂之制"，显现出内外、上下、宾主有别的"礼"的传统文化精神。

书院作为一种教学载体及教育制度，与官学最重要的区别在于其办学目的是"为教育的而非为科举的"。书院摆脱了官学教条化的束缚，逐渐形成了独具特色的教学模式和人才培养方法。书院教育大多因师因学而确立各自的办学方针、课程设置、教学方式及授课形式。书院教育重视道德教化，倡导真才实学，强调以品德修养、学术文化为教育的基础，教导学生要躬行实践，不尚空谈，培养学生践履践行、经世致用的务实精神。书院的文化精神、文化内涵对书院建筑的布局、形制都有很大的影响。

书院因其浓厚的学术气氛引领时代风气之先，在文化导向上发挥着举足轻重的作用，突出了书院在学术与文化传承上所呈现的鲜明性格和独特气质。书

院教育注重弘扬中华民族正心诚意、修身为本、经世致用、学术创新等优良品德和传统精神，为中华文化的传播做出了积极贡献。书院文化不仅成为中华传统教育的重要组成部分，而且在弘扬中华民族文化方面发挥了重要作用。

一、选址布局

在传统文化思想的影响下，中国历代书院建筑对选址都极为讲究，皆首选依山傍水、山清水秀的地方为基址。素有"天下四大书院"之称的白鹿洞书院、岳麓书院、嵩阳书院、应天书院，其选址都在著名的自然风景区。白鹿洞书院地处庐山五老峰下，前有流水潺潺，后有松柏蔽日；岳麓书院地处湖南长沙岳麓山下，倚山而瞰湘江，尽览壮美山川；嵩阳书院地处中岳嵩山南麓，背靠峻极峰，面对双溪河；应天书院则位于河南商丘南湖风景秀丽、环境优美的湖心小岛上。

多进院落沿着中轴线串联布置是书院庭院组合的基本布局方式。中国古代四大书院都采用了这种串联式的庭院布局，但在具体规划上又有所不同。

一是书院建筑组群在纵横两向都有着规整的轴线对位关系。比如，应天书院从南向北，依次为由中心主轴线和左、右副轴线组成的三组串联式多进院落；白鹿洞书院以礼圣殿为主轴线，沿地形地势依次并列，各主副轴线关系呈规整对称状，轴线院落之间有门联结。

二是书院院落相对独立地并列布置，没有形成横向的轴线对位关系。如嵩阳书院，整体建筑组群有两条轴线。主轴线上设置五进院落，为书院主体建筑；次轴线设置考场建筑群。主次轴线的建筑不存在横向对位关系，而是相对独立。

自然式建筑布局主要在地形地势不规则的书院建筑群或书院园林中部分展开。所谓自然式建筑布局，顾名思义就是指顺其自然或追求自然情趣。岳麓书院的园林建筑群就是自然布局的典例。书院布局既规整又自由，使建筑与自然

图 8-1　岳麓书院

相映生辉，实现了书院师生与自然的和谐对话（见图 8-1）。

就书院建筑的空间布局而言，还会根据建筑群的功能性质、审美特色、环境特点而形成不同的建筑组合方式和空间尺度。如岳麓书院，从讲堂绕过屏风到御书楼，从御书楼进到园林，从讲堂走到文庙，不同的庭院空间的组合和光影变化给人步移景异、"庭院深深深几许"的感觉，体现了书院建筑空间布局的自然趣味。

二、群落式书院

书院建筑理性与自然美相结合的总体布局，创造了中国园林建筑的独有特色，达到了理性与自由的和谐统一，印证了中国传统文化的思维方式——直觉体悟的直观性和观物取象的象征性，实现了书院建筑空间的整体布局和书院建筑营造中不同形态要素的灵活运用。

在有关书院建筑的文献中，有"周以缭垣""环以园墙"的说法。书院用墙有两方面作用：一是界定划分书院内外空间；二是分区界定功能，形成一些较独立的院落。院落之间又通过门、漏窗或建筑加以联系。

廊院式布局是在中轴线上布置主要建筑物，在院子左、右两侧用回廊将前

后建筑围合起来。无论是岳麓书院的园林连廊还是白鹿洞书院、嵩阳书院的廊内外空间的渗透，都与自然环境融为一体。书院建筑采用廊院式布局，使人走在其中可以感受到"雨不湿足，日不曝首"的美妙生活感觉。

四合院式布局的特色是由若干建筑单体围合而成四合院，沿轴线串联，在布局造型上、空间组合上呈现出左右均衡的中轴对称格局，符合传统审美观和礼制观念，因而被广泛应用于书院布局。

置身在书院中，沿庭院漫步，绕天井而行走，能感觉到有一种理念在牵引着，使人在有限的空间中去感受宇宙的无限与永恒，在瞬间的游历中去遐想生命精神的伟大与崇高。书院通过其理性、朴实自然的格调，营造宁静高雅的建筑文化氛围，给人一种视觉愉悦的审美生活体验。有时即使是书院中的一副门联，也能传达出进取、友善、博爱的思想内涵，让人感悟颇深，回味无限。

三、书院教育

书院教育从诞生之日起就逐渐形成了与官办教育不同的教学体制。大多数书院都因师、因学确立办学方针、课程设置、教学形式，开创了许多有效的授课方式，如老师升堂讲说、学生分斋授课等。升堂讲说又称"升堂讲释"，类似于现代学校的课堂讨论，有主讲，有提问，还有辩论。分斋授课则是学生花费大量时间在斋舍或书楼自学，同时也有师生之间、同学之间的相互切磋、质疑答问。

书院教学活动，除了讲堂斋舍，还有祭祀、展礼、游览等，这些都是学习的重要组成部分。各书院在课程设置上因材施教、学用结合。一般课程包含经学、史学、文学、诗学、算学、制艺等内容。宋代各书院主要设置《五经》课程；南宋朱熹集注《四书》后，《四书》的课程设置更为普遍；元代书院大多以《四书集注》为必读教材。同时，书院也设置其他课程。例如，濮州历山书院特设医学，内乡博山书院特设数学、书法等，有的书院还设"射圃"以传授武学。

大多数书院都重视传统的祭拜先师、朔望祭祀等教育，这成为书院不可或缺的常规课程，体现出尊师重道、崇贤尚圣的精神。通过这一教育可以培养学生对先贤的景仰与礼敬之情，由此形成书院崇圣尚礼的尚德精神。书院教育重视道德教化，倡导真才实学的优良学风，强调以品德修养、学术文化为教育的基础，教育学生要躬行实践，不尚空谈，形成践履践行、"经世致用"的务实精神。书院教育强调为师者要忠信笃敬，毫发无伪，为群士景仰而为楷模。许多书院的教育大师到其他书院讲学时，多弘扬敬道崇德、"知行合一"、勤奋严谨、兼容并蓄的优良传统。因此，古时书院成为学术传播和学术流派的发源地。

书院独具特色的讲会制度对书院教学体制产生了积极的影响。书院定期举行学术性聚会或研讨会，对所关心的重大学术问题进行共同探讨和辩论交流，这在当时形成了不少"会讲式书院"。例如，南宋乾道三年（1167年），张栻主讲岳麓书院教学时，请朱熹到岳麓书院讲学，史称"岳麓之会"，开创了书院自由讲学的学术风气。会讲之风使不同的学派在各地书院讲学交流，对促进书院教学、活跃书院学术气氛起了很大的推动作用，为书院学术多元化发展营造了良好的氛围。会讲之风在文化导向上发挥着举足轻重的作用，突显了书院在学术研究与文化传承上所呈现的鲜明性格和独特气质。

四、讲堂斋舍

中国传统书院的建筑形制与功能之间的关系，反映了中国传统文化的深层内涵。古代书院是儒学思想的传播基地，因此传统儒学"礼""仁""乐"的思想内核决定了书院教学活动的主要内容：祭祀行礼、躬行践履、优游山林。相应地，书院的建筑形制主要包括三方面内容，即礼仪场所——孔庙，治学场所——讲堂、御书楼，游玩休息场所——书院园林。讲堂位于书院的中心位置，是书院的教学重地和举行重大活动的场所，也是书院的核心部分。北宋开宝九年（976

年）岳麓书院创建时，即有"讲堂五间"之说。南宋乾道三年（1167年），著名理学家朱熹曾在此举行会讲，开创了中国传统书院会讲之先河。

书院建筑蕴涵的深刻文化内涵，展现出来的情趣、意境、构思和创新，正是传统文人墨客们锐意追求的目标，也是书院建筑文化中值得深入发掘的可贵之处。

岳麓书院始于书院初创时期，北宋时期曾建礼殿于讲堂前，内塑先师十哲像，画七十二贤。南宋乾道元年，改为宣圣殿，"置先圣像于殿中，列绘七十二子"。明弘治十八年（1505年），改名"大成殿"。正德二年（1507年）迁于院左今址。天启四年（1624年）重修，正式称为"文庙"。其规格与各郡县文庙相当。文庙位于书院左侧，自成院落，由照壁、门楼、大成门、大成殿、两庑、崇圣祠、明伦堂等部分组成。文庙殿前有月台，供祭孔时表演礼乐用，月台前有明代石雕蟠龙。大成殿是文庙中最主要的建筑，重檐歇山顶，黄色琉璃瓦，藻井天花，雕龙画凤。

五、藏书楼阁

藏书楼，即藏有图书的建筑，指历代官方机构、民间团体或私人收集典藏图书文献之处。藏书楼是体现我国古代书院讲学、藏书、祭祀三大功能之一的藏书功能的主要建筑。

我国古代建筑在选址和环境营造方面非常注重人与自然环境的协调统一，强调"天人合一"的意境，从环境、造型、空间、色彩、尺度和选材等方面都考虑"精在体宜"。而珍藏人类文化遗产的藏书阁更是建筑中的瑰宝，在建筑之林中熠熠生辉。我国最古老的藏书阁是浙江宁波的天一阁。它是明代兵部侍郎范钦创建于嘉靖年间的私人藏书楼，也是亚洲现存最古老的一家图书馆。它走过了一段极端艰难的藏书历程，因而被认为是中国古代藏书楼的典范和文化奇迹，成为中国藏书文化的象征。

藏书楼建筑从初始的借用、兼用发展到后来的专造专用，逐步形成自身独有的特点。古人对藏书阁的选址很讲究，需远离火源、靠近水池、阴凉避光。从实用角度考虑，如果发生火灾，选择水源附近便于施救。另外，藏书阁还要求具有防潮、防盗、防虫等功能。

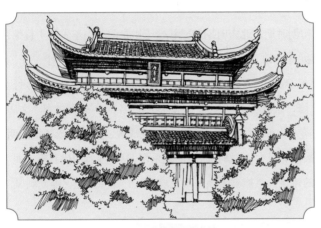

图 8-2　岳麓书院藏书阁

岳麓书院创建之始即在讲堂后建有书楼，宋真宗皇帝赐书后更名为"御书阁"（见图 8-2）。元、明改称"尊经阁"，位置有所变动，至清康熙二十六年（1687 年）建御书楼于今址。清代中期，岳麓书院御书楼已发展为我国民间一座大型图书馆。随着现代意义的图书馆的相继建立，藏书楼的社会功能日渐萎缩，最终终结于清末民初时期。

六、书院园林

建筑环境所蕴涵的意义越丰富、越深邃，就越容易与人产生深层次的情感沟通，使人获得永久性的印记，而环境本身也因此具备了长久的艺术魅力。所以，园林建筑所展现的往往不只是简单的自然和具体的建筑，而是一种较高层次的文化。园林建筑虽然是人为设计的，但它所处的环境可以具有更多的诗情画意的特点。具体而言，它可以有起伏转折、走向不定的连续空间，也可以随空间

序列的改变而不断变化，在人与环境的互动中实现升华。

中国古典园林讲究的是"天人合一"的至高境界。书院园林的布局设计原则为隔而不阻、欲扬先抑、尺度得当。书院园林往往通过廊柱、假山、植物等自然界中比较形象的物体来进行寓意。

古代书院以陶冶心灵、清静潜修为宗旨，故大多设于文物荟萃、山水秀丽之地。基于这个前提，书院园林的整体设计会有别于宫苑、寺院、衙署和住宅。首先，书院园林的格调皆定性为自然、优美、宁静。即取景于自然，不求雕饰和华丽，讲求清幽雅淡（见图8-3）。其次，在规划景区、景点时注重展示诗情画意的意境。即将人与自然有机地结合到一起，既表现山清水秀的自然之美，又展示文人墨客的吟咏之作。诗景相和，使书院

图8-3　书院园林

环境浓郁而又芳香。这种意境的营造和规划不仅完善了书院建筑的环境和规模，而且提升了书院园林的深刻文化内涵，使之成为中国园林建筑环境的典范之一。

七、曲阜孔庙

山东曲阜古为鲁国国都，地处山东西南部。曲阜有著名的"三孔"：孔府、孔庙、孔林。这里是春秋时期著名思想家、教育家、儒家学派创始人孔子的故乡。曲

中国文化四季

图 8-4　曲阜孔庙

阜孔庙是我国历代封建王朝祭祀思想家和教育家孔子的地方。它位于山东曲阜城南门内，又称"阙里至圣庙"，与南京夫子庙、北京孔庙和吉林文庙并称为"中国四大文庙"。曲阜孔庙始建于公元前478年，完成于明清时期，是世界上2000余座孔庙中最大的一座（见图8-4）。

孔子名丘，字仲尼，春秋末期鲁国人氏。孔子为后世留下的有关道德、伦理和教育思想的言论，对我国几千年的文化教育产生了深远的影响，其儒家思想还影响到了世界各地。中国历代帝王、文人和史学家都对孔子非常崇敬。曲阜孔庙呈长方形，现占地14万平方米。整个孔庙的建筑群以中轴线贯穿，左右对称，布局严谨，共有九进院落。前有棂星门、圣时门、弘道门、大中门、同文门、奎文阁、十三御碑亭。从大圣门起，建筑分成三路：中路为大成门、杏坛、大成殿、寝殿、圣迹殿及两庑，分别是祭祀孔子以及先儒、先贤的场所；东路为崇圣门、诗礼堂、故井、鲁壁、崇圣词、家庙等，多是祭祀孔子上五代祖先的地方；西路为启圣门、金丝堂、启圣王殿、寝殿等建筑，是祭祀孔子父母的地方。全庙共有5殿、1祠、1阁、1坛、2堂、17碑亭、53门坊，共计殿庑466间，分别建于金、元、明、清及民国时期。孔庙内最为著名的建筑有棂星门、二门、奎文阁、杏坛、大成殿、寝殿、圣迹堂、诗礼堂等（见图8-5）。①

---

① 参见王其钧：《中国建筑图解词典》，第287页。

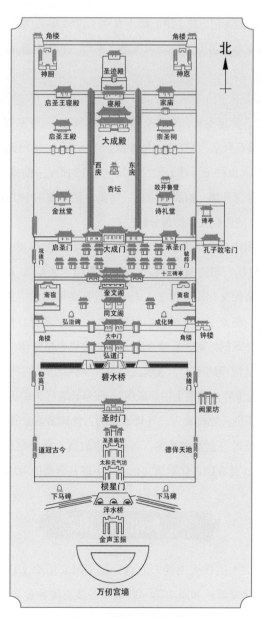

图8-5　曲阜孔庙总平面图

棂星门是孔庙的大门，建于清乾隆十九年（1754 年），六楹四柱，铁梁石柱。柱的顶端屹立着 4 尊天将石像，威风凛凛，不可一世。柱下石鼓抱夹，使整体建筑风格稳重端庄。

大成殿是孔庙的主体建筑，面阔 9 间，进深 5 间，高 32 米，长 54 米，深 34 米，重檐九脊，黄瓦飞彩，斗拱交错，雕梁画栋，周环回廊，巍峨壮丽。殿下是巨型的须弥座石台基，高 2 米，占地 1836 平方米。台阶上有擎檐石柱 28 根。两山墙及后檐的 18 根柱子浅雕云龙纹，每柱有 72 团龙；前檐十柱深雕云龙纹。每柱二龙对翔，盘绕升腾，似脱壁欲出，精美绝伦。殿正中供奉着孔子的塑像，七十二弟子及儒家的历代先贤塑像分侍左右。

孔庙的杏坛相传是孔子讲学之所，在大成殿前的院落正中。北宋天圣二年（1024 年）在此建坛，坛周围环植以杏树，命名为"杏坛"，以纪念孔子杏坛讲学的历史故事。金代又在坛上建亭。大学士党怀英篆书的"杏坛"二字石碑立在亭上。杏坛是一座方亭，重檐，四面歇山顶，十字结脊，黄瓦飞檐二层，双重斗拱。亭内藻井雕刻精细，彩绘金龙；亭的四周杏树繁茂，生机盎然。

曲阜孔庙以其规模之宏大、气魄之雄伟、年代之久远、保存之完整而被建筑学家梁思成称为世界建筑史上的"孤例"。曲阜孔庙作为中国现存最大的孔庙，是极具东方建筑特色、规模宏大、气势雄伟的古代建筑群。孔庙以其数量之多、规制之高、建筑技术与艺术之精美，而与北京故宫、承德避暑山庄并列为"中国三大古建筑群"，是我国古代建筑文化遗产中极其重要的组成部分。

八、衡阳石鼓书院

石鼓书院为"中国四大书院"之首，位于国家历史文化名城湖南衡阳石鼓区，是湖湘文化发源地和湖南第一胜地。石鼓书院始建于唐元和五年（810 年），建于唐代衡州石鼓山，是中国古代建得最早的书院，迄今已有 1200 余年

历史。宋至道三年
（997 年），邑人李士
真拓展其院作为衡
州学者讲学之所。宋
太宗赵光义赐"石鼓
书院"匾额。石鼓书
院与嵩阳书院、白鹿
洞书院、岳麓书院并
称"中国四大书院"。

图 8-6　衡阳石鼓书院

石鼓书院曾鼎盛千年，在我国书院史、教育史、文化史上享有极高的地位（见图 8-6）。

石鼓书院占地面积 4000 平方米，三面环水，地理位置独具特色，风光秀丽，绿树成荫，亭台楼阁，飞檐翘角，自古有"石鼓江山锦绣华"之美誉。现石鼓书院主要由禹碑亭、武侯祠、李忠节公祠、大观楼、合江亭、朱陵洞等建筑组成。禹碑亭始建于明万历九年（1581 年），位于石鼓山南面。进入石鼓书院，穿过大门，走过长廊，映入眼帘的即是禹碑亭。

石鼓山与道教文化有颇深的渊源。在石鼓书院二门上有篆书对联"修名千佛上，至味五经中"，这副对联是对石鼓书院的真实写照。书院二门之后为 2 个祠堂，居左的为"李忠节公祠"，为纪念南宋李忠节的高风亮节而建，居右的为"武侯祠"，为纪念诸葛亮而建。三国时期，诸葛亮以军师中郎将身份驻临蒸（今湖南衡阳），督办长沙、零陵、桂阳三郡军赋，住在石鼓山上。宋代重修石鼓书院时，将武侯祠移至石鼓山。大观楼内"书院七贤"的画像依次排列，各地名人为其作的诗词和书画也放置其中，正是由于这些文人雅士的贡献才有了今天的石鼓书院。

石鼓书院是"中国四大书院"中创建最早并有确切史志记载的书院。作为

宋代"四大书院"之首和湖湘文化发祥地，石鼓书院鼎盛数千年，在中国书院史、教育史、文化史上享有崇高的地位。

九、长沙岳麓书院

岳麓书院位于湖南长沙湘江西岸的岳麓山下，是中国历史上著名的"四大书院"之一。北宋开宝九年（976年），潭州太守朱洞在僧人办学的基础上正式创立岳麓书院。后历经宋、元、明、清各代，至清末光绪二十九年（1903年）改为"湖南高等学堂"。岳麓书院历经千年，世称"千年学府"。

岳麓山的人文景观是岳麓山一道亮丽的风景，千年学府岳麓书院记录着三湘人才辈出的历史。岳麓书院的园林建筑具有鲜明而又深刻的湖湘文化特色。它既不同于官府园林的隆重华丽，也不同于私家园林的喧闹花俏，而是保持了一种典雅朴实的风格。这与士文化的精神和追求相吻合。

岳麓书院为中国现存规模最大、保存最完好的书院建筑群。书院占地面积21000平方米，现存建筑大部分为明清遗物。岳麓书院古建筑群分为教学、藏书、祭祀、园林、纪念五大建筑格局。书院内古建筑在布局上采用中轴对称、纵深多进的院落形式。主体建筑集中于中轴线上。讲堂布置在中轴线的中央，斋舍、祭祀专祠等排列于两旁。书院中轴对称、层层递进的院落，除了营造出一种庄严、神秘、幽远的纵深感和视觉效应之外，也体现了儒家文化尊卑有序、等级有别、主次鲜明的社会伦理关系。

书院大门宋代曾名"中门"。现存大门系清同治七年（1868年）重建，采用南方将军门式结构，建于十二级台阶之上，五间硬山，出三山屏墙，前立方形柱一对，白墙青瓦，枋梁绘游龙戏太极，间杂卷草云纹，整体风格威仪大方（见图8-7）。①

---

① 参见李浩：《书院文化在现代公共设施设计中的应用》，《艺海》2014年第5期。

讲堂位于书院的中心位置，是书院的教学重地和举行重大活动的场所，也是书院的核心部分。岳麓书院所遗留的文物史迹展现了我国文教事业的历史进程。经过千余年的传承与创新，岳麓书院形成了独具特色的价值取向、思维方式和行为规范，成为中国传统书院中的典型代表。

图8-7　长沙岳麓书院

十、无锡东林书院

东林书院位于江苏无锡，亦名"龟山书院"，是我国古代著名书院之一。东林书院创建于北宋政和元年（1111年），是北宋理学家程颢、程颐嫡传弟子杨时长期讲学的地方（见图8-8）。

北宋政和元年（1111年），无锡官员李夔陪同著名学者杨时到无锡南门保安寺游览。杨时见这里碧水清流，周围古木参天，同郁郁葱葱的庐山东林寺颇为相似，是一个研究和传授学问的理想场所，

图8-8　无锡东林书院

便有意长期在此讲学。李夔知道杨时的意思后全力赞同,于是定此学社为"东林"。杨时在此讲学长达 18 年。杨时去世后,其学生在无锡县城的东林书院所在地为他建了一祠堂——道南祠。明朝万历三十二年(1604 年),由东林学者顾宪成等人重新修复并在此聚众讲学。他们倡导的"读书、讲学、爱国"精神引起全国学者的普遍响应,一时声名大噪。

无锡东林书院现存建筑有东林精舍、道南祠、东林报功祠、丽泽堂、依庸堂、燕居庙、时雨斋、康熙碑亭等。依庸堂是书院的主体建筑,上悬"风声雨声读书声声声入耳,家事国事天下事事事关心"这副被广为传诵的传世名联。当年,各地赴会东林的学者在大会开讲之前都齐集此堂,客东主西,以年龄为序,分班排列,相互对揖交拜,举行讲学仪礼,场面热烈隆重。它是东林学派学术领地的象征,时人认为"脚迹得入依庸堂,人生一大幸"。东林书院作为我国江南地区人文荟萃之地和议论国事的主要舆论中心,有着"天下言书院者,首东林"之赞誉。

在中国数千年的文明发展史上,中国传统教育始终占据重要的地位。传统书院在中国教育史的长河中曾经一度大浪滔滔,这是一种独特的文化现象。关注中国传统文化教育的人们,不能忽视传统书院在中国教育史上所起的重要作用。

第九章
宗教建筑

宗教建筑是举行宗教仪式的重要场所。它随着宗教形式和内容的发展变化而不断演变。我国古代社会曾出现过多种宗教派别，其中对社会影响比较大的有佛教、道教和伊斯兰教。其中以佛教最为兴盛，道教、伊斯兰教次之。

佛教大约在东汉初期传入我国。第一个佛教寺院建筑是建于东汉明帝时期的洛阳白马寺。据记载，白马寺的平面布局为方形，佛塔为寺院中心，仿照印度寺院的形式建造，建筑装饰多为佛像。两晋南北朝时期，佛教得到很大的发展，建造了大量的佛教寺院、石窟和佛塔。现存的云冈、龙门、敦煌等石窟都始建于这一时期，其建筑与艺术造诣都达到很高的水平。晚唐时期，寺院已经有钟楼的定制。钟楼一般在轴线的东侧，到了明代才普遍在轴线的西侧建鼓楼。明清时期又建立了以四座名山为圣地的道场：山西五台山为文殊菩萨的道场，四川峨眉山为普贤菩萨的道场，安徽九华山为地藏菩萨的道场，浙江普陀山为观音菩萨的道场。

我国汉族地区流行的佛教一般称为"汉传佛教"。其建筑多依朝廷官署的布局、形制建造，随后也有一些庭院式寺院相继出现。元、清两代，西藏和蒙古地区佛教盛行，称为"藏传佛教"。藏传喇嘛寺院的建筑一直采用厚墙、平顶的建筑样式，并未受到我国中原地区和汉传佛教建筑的影响。

中国的道家思想最早起源于中国早期的巫术，后引用老子的《道德经》为经典。东汉时期，道教成为正式的宗教。道教建筑一般称"宫""观""院"，其布局和形式仍基本遵循我国传统宫殿、祠庙形制，并没有形成独立的风格体系。道教建筑以殿堂、阁楼为主，依中轴线对称布置。与佛寺相比较，道教建筑规模偏小，且不建塔、经幢。最著名的道教圣地有江西龙虎山、湖北武当山、山东崂山、四川青城山，陕西华山也是道教中心之一。

伊斯兰教是世界三大宗教之一，在唐代由西亚传入中国。伊斯兰教因为教义和仪典的要求，建筑与佛、道两教不同。所建寺院称为"清真寺"或"礼拜

寺"。寺中建有召唤信徒用的"邦克楼"或"光塔"，还有供膜拜者净身的浴室。大殿内没有造像，仅设朝向圣地麦加供参拜的神龛。建筑装饰纹样只有《古兰经》经文和植物、几何形图案。早期的礼拜寺受外来影响很大，其建筑具有了一些外来特征：高耸的光塔、葱头形的尖拱门和半球形的穹隆结构。如广州的杯圣寺、福建泉州的清净寺。建造较晚的清真寺除了神龛和装饰题材外，所有建筑的结构和外观都采用中国的建筑形式，如西安化觉巷的清真寺和北京牛街清真寺。

盛行于我国的三大宗教不仅为我们留下了丰富的建筑和艺术遗产，而且给我国古代社会文化和思想的发展带来了深远的影响。现存的宗教建筑无论在数量、建造技术，还是艺术水平上，都在我国建筑发展史上占有重要地位，充分反映了建筑艺术各方面的伟大成就。

一、佛教寺院

佛教大约在东汉初期传入中国，在魏晋南北朝时期得到很大的发展，建造了大量的寺院、石窟和佛塔。此时期的佛教建筑很大程度上已经中国化。[①]佛寺是佛教僧侣供奉佛像、舍利的地方，也是进行宗教活动和居住之所。佛教寺庙又叫"庙宇""宝刹"，年代久远或比较著名的则可称为"古刹"或"名刹"。佛教在中国流行近2000年。虽然不同时代、不同宗派的佛寺在建筑上存在差异，但基本布局都是以佛殿或佛塔为主体建筑，辅以讲堂、经藏、僧舍、斋堂、库厨等。佛寺的宗教活动具有群众性，因而戏场、集市等相伴出现。山林之中的佛寺建筑则多与自然风相结合，大有深山密林藏古寺的清净画面感。

佛寺最初是按照朝廷官署的布局建造的，也有贵族和富人将自己的住宅施舍为寺的。因此，许多佛寺原来就是一所有许多院落的住宅。由于这些历史原因，

---

① 参见潘谷西：《中国建筑史》，第152页。

图 9-1　佛寺

中国汉族地区的佛寺在近 2000 年的发展中基本上采取了中国传统的院落形式，特别引人注目的是屋脊六兽、筒瓦红墙的标志（见图 9-1）。随着佛教日益深入民间，佛教的寺庙建筑和佛菩萨像的塑造也在我国各地普遍流行起来，寺庙建筑和建造工艺得到了提高和发展。

以佛塔为主的佛寺在我国出现最早。这类寺院以高大居中的佛塔为主体，周围环绕方形广庭和回廊门殿。以佛殿为主的佛寺基本上采用了我国传统民居的多进庭院式布局。有的佛寺在中轴线一侧另建若干庭院，大的佛寺可多达十几处，并依所供奉对象或行使职能而命名。有的寺院因宗派教义或规模的不同，分别建有戒坛、罗汉堂、藏经楼、钟楼、鼓楼等附属建筑物。我国古代的很多珍贵文化遗产都是经过佛寺建筑和佛像造像而得以保存至今的。例如，我国最早的木构建筑——山西的南禅寺和举世闻名的敦煌、云冈、龙门、麦积山、炳灵寺等佛窟。由此可见，佛寺建筑和佛像造像与我国历史文化的发展有着不可分割的联系，其完美的建筑艺术和历史文化价值，对我国传统文化的继承发展有着重要意义。

二、佛塔经幢

佛塔亦称"宝塔"或"浮屠"，最早用来供奉和安置舍利、经卷和各种法物。许多佛塔刻有建塔碑记、圣像、佛经等。东汉初期，随着佛教传入中国，佛塔的建造也开始了。早期的佛塔基本是中国建筑形式的楼阁式塔，其次有覆体式塔、

密檐式塔、金刚宝座塔等。我国的佛塔按建筑材料可分为木塔、砖石塔、金属塔、琉璃塔等。两汉南北朝时以木塔为主，唐宋时砖石塔得到了发展。

楼阁式塔来源于中国传统建筑中的楼阁。它在中国古塔中历史最悠久，形体最高大，保存数量也最多。早期楼阁式塔应为木结构，因为易毁于火灾，所以实物没有能够保存下来。最早的楼阁式塔见于南北朝的云冈和敦煌石窟的雕刻中。隋唐以后，多用砖石为建塔材料，出现了以砖石仿木结构的楼阁式塔。其特征是：每层之间的距离较大，塔的一层相当于楼阁的一层，各层面大小与高度自下而上逐层缩小，整体轮廓为锥形。楼阁式塔的平面布局：唐代为方形，宋辽金时代为八角形，宋代还出现过六角形。明清时代仍采用八角形和六角形。塔的结构：唐代为单层塔壁，内部中空呈筒状，设木楼梯、楼板。宋、辽、金各代均在塔的中心砌"砖柱"。柱与塔壁之间为登临的楼梯间或塔内走廊。底部设简单台基，宋以前多不用基座。塔身每层都砌出柱、额、门窗，栏额之上用普柏枋。各层檐下都用砖或石制成斗拱，式样与当时的木结构相似。砖石楼阁式塔在南北朝至唐代多不用平座，宋、辽、金时期用平座（见图9-2）。早期著名的楼阁式塔有西安大雁塔、山西应县木塔、河南开封祐国寺铁塔、杭州六和塔、银川海宝塔、四川泸州报恩塔等等。

覆钵式塔又称"喇嘛塔"，为藏传佛教所常用。这种塔的塔身是一个半圆形的覆体，源于印度

图9-2　佛塔

佛塔的形式。覆体上是巨大的塔刹，覆体上建一个高大的须弥座。这种塔在元代开始流行，明清时期继续发展。这与当时盛行喇嘛教是密不可分的。元代的佛塔设两层须弥座，明代袭之，但比例增高，清代多数只用一层须弥座。元代佛塔比例肥短，清代则较瘦高，正面增设"眼光门"，内置佛像。塔身与基座之间，元代多施莲瓣一层，其上为小线道数层，线道内或夹以莲珠。明代仍沿此制。清初则改为金刚三层，不用莲瓣。塔顶最下层为塔脖子，一般为13层。最上为宝珠和铜塔。

密檐式塔的第一层较高，以上各层骤变低矮，高度面阔亦渐缩小，且愈上收缩愈急，各层檐紧密相接，整体轮廓呈炮弹形。现存最古的砖塔——河南登封嵩岳寺塔即属于密檐式塔。此塔也是中国现存古塔实物中年代最早的，修建于北魏永平二年（509年）。嵩岳寺塔是由木结构向砖石结构过渡的早期实例。全塔除塔刹和基石之外均以砖砌筑。塔的下部是低平的基台，台上建塔身，塔身平面呈十二边形。第一层塔身特别高大，用叠涩平座将之分为上、下两段，在四个正面开了贯通上下段的塔门。下段的其余八面都是素面平砖，没有加以装饰。上段是整个塔装饰最集中的地方，分别装饰壸门、狮子、火珠垂莲。第一层塔身以上叠涩出密檐15层，每层塔檐之间距离甚短。塔刹用石雕刻而成。刹座是巨大的仰莲瓣组成的须弥座。须弥座上承托着梭形的七重相轮组成的刹身，刹顶是一个巨型的宝珠。嵩岳塔的外形流畅、秀丽，艺术成就非常高。正是由于设计和施工技术高超，才使得这座古塔保存至今。

金刚宝座塔的造型仿照印度菩提迦耶精舍而建。塔的下部是1个一方形巨大高台，台上建5个正方形密檐小塔（代表密宗五方五佛）。这种塔在中国从明代以后陆续有修建，但是数量不多。著名的有北京真觉寺金刚宝座塔、北京碧云寺金刚宝座塔、内蒙古呼和浩特慈灯寺金刚座舍利宝塔等。

经幢是在八角形石柱上镌刻经文、用以宣扬佛法的纪念性建筑。始见于唐，宋辽时期颇为发展，元以后又少见。经幢一般由基座、幢身、幢顶三部分组成（见

图9-3）。唐代经幢形体较粗壮，装饰也较简单。如山西五台佛光寺乾符四年幢，下有须弥座，乘以刻陀罗尼经文的八角形幢身，上覆饰有璎珞的宝盖，再置八角短柱、屋盖、山花蕉叶、仰莲及宝珠。

　　宋代经幢高度增加，比例较瘦长，幢身分为若干段，装饰也比唐代更加华丽。如河北赵县北宋景佑五年幢，经幢身为八角，基座分为三层，由莲瓣、束腰及叠涩二道组成。幢身分为三段，下段包括宝山、刻有经文的八角幢柱和施璎珞垂帐的宝盖；中段包括有狮象首和仰莲的须弥座、八角幢柱和垂缨宝盖；上段由两层仰莲、八角幢柱和城阙组成；宝顶段有带屋顶的蟠龙、八角短柱、仰莲、覆钵和宝珠等。[①]此经幢各部比例匀称，细部雕刻也十分精美，在造型和雕刻上都达到很高的艺术水平，是举世罕见的石刻艺术精品。

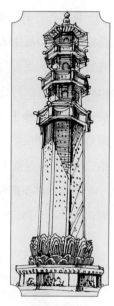

图9-3　经幢

三、石窟造像

　　石窟艺术与佛教有着十分密切的联系。因信仰佛教的人们来自社会各阶层，所属的佛教宗派也各不相同，且在造像与壁画的题材上都要求结合自己宗派的经典，所以，石窟艺术的发展情况很不一样。石窟艺术反映了佛教思想发生、发展的过程。它所创造的佛像、菩萨、罗汉、护法，以及佛本行、佛本生的各种故事情节和形象，都是通过人的生活形象创造出来的。虽然不像其他艺术那样直接地反映社会生活，但也间接地反映了各历史时期、各阶层人物的生活景象。这是石窟艺术的一个特点。

---

　　① 参见潘谷西：《中国建筑史》，第187页。

我国石窟中的各样佛本生、佛本行和大乘经变及各石窟的供养人像等，都是依据现实中的生活创造的。石窟一般都选择在远离闹市的山清水秀之处建造，自然环境的优美可为石窟造像提供理想的地点场所，达到烘托造像的艺术效果。山清水秀的自然环境给人一种超脱清净、世外桃源的感觉，这与佛教清心寡欲，向往彼岸佛国净土的理想相吻合。如敦煌莫高窟在茫茫沙漠之中，沿鸣沙山开窟造像。鸣沙山下一湾溪水环绕，树木繁茂，绿草如茵。佛国净土的幽静美丽给千里跋涉越过荒漠前来朝圣的信徒们以强烈的心灵震撼。

石窟形制与造像的完美结合营造出神秘而又崇高的氛围，感染着每一位虔诚信徒的心。如云冈的第18窟，窟室模拟椭圆形空窿顶的草庐，洞进深很小，立像高达10多米，佛礼者只能仰视。由此，佛像显得更加气势恢宏，佛的威严神秘也更为突出（见图9-4）。佛教形象既带常人之气质，又与凡人不同。天王、力士随侍一旁，其精神气质与佛、菩萨、弟子的安静、平稳形成对比，反衬出佛的慈悲与崇高。

图9-4 龙门石窟

佛教造像艺术通过生动娴熟的艺术表现手法再现了佛教神秘崇高之感，目的是用形象来感召人们去领悟佛的真谛，并引起供奉者的崇敬感，从而轻视自我，向往佛国世界。中国佛教石窟造像还在浮雕、塑像、彩画、壁画等多方面给我们留下了丰富的历史文化遗产。

四、道教宫观

中国道教供奉神像和进行宗教活动的庙宇通常称为"宫""观""庙"。道教建筑主要由庙宇建筑组成，宋代以后修建了极少数的石窟和塔。

道教起源于民间巫教和神仙方术，初步形成于东汉末年。南北朝时佛教盛行，道教模仿佛教，宗教形态趋于完备。唐朝奉老子李耳为先祖，上尊号为"太上玄元皇帝"，俗称"太上老君"，奉为与佛教释迦牟尼同等地位。唐朝时命全国各州建佛寺，同时也要修建道观场所。当时在唐长安城内设有大道观 10 余处，著名的为玄宗之女金仙、玉真两公主出家为女冠的两处道观，还有位于城市中心大道旁、占地达一亩多的玄都观。到了宋代则更注重道教。宋真宗时期，各主要祠庙都有道观。其中，玉清昭应宫最为宏大、华丽、壮观，共有建筑数座，房 2620 间。唐宋以后，道教继续不断发展。1167 年，王重阳创建全真教派，并得成吉思汗礼遇，道教盛极一时。明清以后道教逐渐式微。

道教的许多宗教仪教仿佛教，所以道观建筑与佛寺基本相同，没有特别的宗教特征。如佛寺山门设两金刚力士，道观设龙虎神像；佛寺天王殿设四天王，道观设四值功曹像；佛寺大雄宝殿供三世佛，道观三清殿供老子像；佛寺有戒坛、转轮藏，道观也有同类建筑等。但道观中没有佛寺中某些特殊的建筑，如大佛阁、五百罗汉堂、金刚宝座塔等。另外，道观中的塑像与壁画的题材多采自世俗，建筑风格也比较接近世俗建筑，因此它的宗教气氛不如佛寺浓厚。

现存道教宫观大部分为明清时重建，早期遗迹很少。苏州城内玄妙观大殿为北宋创建。明清遗留的著名道观较多，如北京白云观、江西贵溪县龙虎山正一观、陕西周至县秦岭北麓楼台观、四川成都青羊宫等，都很著名。山林道观也有许多艺术水平较高的遗物。最著名的有青城山、崂山和武当山等（见图 9-5）。青城山

图9-5　道观

在四川省灌县西南面，为道教发祥地之一；山东省青岛崂山以东临海处，现存大中型道观10余处；湖北省西北部的武当山，历代均为道教名山，其宫观规模巨大，主峰金殿与紫金城尤为华贵。山林道观多结合奇秀险怪的山势建造，空间处理灵活，与周边优美的自然环境融为一体。

五、伊斯兰教建筑

清真寺是伊斯兰教建筑的形制之一，亦称"礼拜寺"，是穆斯林举行礼拜、宗教功课、宗教教育和宣教等活动的中心场所。伊斯兰教大约在唐代传入中国，为回、维吾尔、撒拉等少数民族所信仰。伊斯兰教建筑从形制上可分为两大类：回族建筑与维吾尔族建筑。回族清真寺吸收了很多汉族传统建筑的特色，可以说是最具东方情调的伊斯兰教建筑。首先，它采用了汉族建筑的院落式布局原则，组合成封闭形的院落，并且有明确的轴线对称关系。如四川成都鼓楼街清真寺、天津大夥巷清真寺。其次，回族清真寺寺内的牌楼、影壁、砖门楼、屋宇式门房，很多建成亭阁式样，具有汉族传统建筑特色（见图9-6）。最后，回族清真寺大殿的屋顶组合亦是一项有成就的艺术创造。由于一般礼拜殿的空间纵深很大，同时又要解决采光与防雨的问题，故回族礼拜殿多为组合式坡屋顶，多者达5座屋顶勾连相接。

我国早期的伊斯兰教建筑深受中亚建筑的影响。如福建泉州的清净寺，用

灰绿色砂石砌筑高大的穹窿顶尖拱门，礼拜殿横向布置，窗户无装饰，内部有尖拱形壁龛，用阿拉伯文铭刻等。建筑风格与中亚建筑相似。浙江杭州的凤凰寺，建于宋元时期，礼拜殿内有3个半球形穹窿顶，

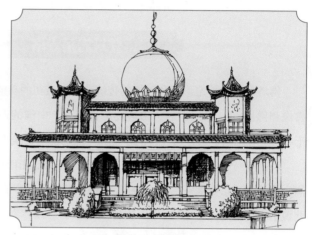

图9-6　清真寺

入口大门呈圆拱形，两边有小尖塔，显然受到阿拉伯建筑的影响。凤凰寺的穹窿顶上面覆盖着中国传统的八角、六角攒尖瓦顶，明显受到中国传统建筑样式的影响。明代初年，内地的伊斯兰教建筑从总体布局到单座建筑的形体结构、建筑材料，均大量融进了当地的传统建筑因子，如布局讲究中轴对称，采用院落布置，增加影壁、牌坊、碑亭、香炉等建筑小品。伊斯兰教的礼拜大殿作为主体建筑，体量最大，一般布置在中轴线的中央末端，内部空间纵深开阔，多采用传统的木构架或砖木结构，大殿顶部常用2～3个勾连接搭。伊斯兰建筑的唤醒楼，一般也建成多层楼阁形式。建筑内部装饰，尤其是礼拜殿内部装饰，多采用尖拱，用阿拉伯文、几何形体或植物纹样加以彩绘装饰。

　　由于中国各地的建筑规模、建筑材料、营造技术、附属建筑、工艺特点、地域风格多样化，因而产生了形式各异的清真寺建筑。例如，新疆地区结合当地原有的木柱密梁平顶和土坯拱及穹窿顶的结构方式，又吸取中亚的建造手法，创造出布局自由灵动、装饰和色彩都很丰富的具有地域民族特色的伊斯兰教建筑。

六、登封嵩岳寺塔

　　佛塔是有着特定形式和风格的传统建筑，最初的功能是供奉或收藏佛舍利、佛像和佛经。14世纪以后，佛塔逐渐世俗化。中国的四大名塔——嵩岳寺塔、千寻塔、释迦塔、飞虹塔，都属于世界一流的佛塔建筑杰作。

　　河南登封嵩岳寺塔(见图9-7)，位于郑州登封嵩山南麓峻极峰下的嵩岳寺内。嵩岳寺始建于北魏永平二年（509年），原是北魏宣武帝的离宫，后改为佛教寺院。北魏孝明帝正光元年（520年）改名"闲居寺"，隋仁寿二年（602年）改名"嵩岳寺"。唐高宗游嵩山时，曾把嵩岳寺改作行宫。现在塔前的山门和塔后的大雄殿及两侧的伽蓝殿、白衣殿均为近代改建。嵩岳寺塔历经1400多年风雨仍巍然屹立。嵩岳寺塔为砖筑密檐式塔，也是唯一的一座十二边形塔。其近于圆形的平面，分为上、下两段的塔身，是密檐塔的早期形态。嵩岳寺塔是中国现存最早的砖塔，也是全国古塔中的孤例。

　　嵩岳寺塔塔高近40米，在结构、造型方面非常讲究，是一座具有很高学术价值的古建筑。窥视全塔，挺拔刚劲，雄伟秀丽。该塔的造型深受古印度佛塔的影响。塔身各部作"宝箧印经塔"式样，并呈火焰形尖拱，具有古印度犍陀罗艺术风格。我国早期佛塔受古印度塔的影响较大，嵩岳寺塔正是中印古代佛教建筑相融合的早期实物见证之一。

　　嵩岳寺塔不仅以其独特的历史文化闻名，而且以其优美的体形轮廓著称于世。整个塔室上下贯通，呈圆筒状。塔室之内原置佛台佛像，供和尚和香客绕塔做佛事之用。全塔建筑工艺极为精巧。该塔高大挺拔，是用砖和黄泥粘砌而成的15层密檐式砖塔。塔砖小且薄，虽经千余年风霜雨露侵蚀但依然坚固不坏，保存完好。这展示了中国古代建筑工艺之高妙。

　　嵩岳寺塔外涂白灰，内为楼阁式，外为密檐式，是中国现存最古老的多角

形密檐式砖塔。全塔总
高41米左右，周长30
多米，塔身呈平面等边
十二边形，中央塔室为
正八角形，塔室宽7.6
米，底层砖砌塔壁厚2.45
米，塔的外部由基石、
塔身、宝刹组成。

图9-7　嵩岳寺塔

　　塔体上部的15层
密檐用叠涩法砌成。叠涩是古代砖石结构建筑的一种砌法，用砖、石通过一层层堆叠向外挑出或收进。诸层叠涩檐弧度各异，各层檐间的壁高自下而上逐层收进，使其外轮廓呈抛物线造型。叠涩檐间的塔壁上均辟有门窗，共492个。每面正中砌筑板门2扇，门上皆有尖拱状门楣，楣角呈卷云形，多数门楣下施垂幔。这样的十二边形塔在中国现存的数百座砖塔中是绝无仅有的。另外，这种密檐形式在南北朝时期也是少见的。①

　　从建筑结构和布局来看，嵩岳寺塔地宫是较为典型的"甲"字型平面地宫。地宫由甬道、宫门、宫室三部分构成，结构布局完整，序列感强。这三部分依塔体轴线呈东西对称。

　　佛塔作为中国古代建筑的精品，体现了古代劳动人民的聪明智慧和高超技艺。嵩岳寺塔无论在建筑艺术上还是在建筑技术上，都在中国建筑史上具有无上崇高的历史地位，是中国和世界古代建筑史上极其珍贵的佛教艺术珍品。

---

　　① 参见陈雷：《中国古代建筑——古塔》，《中外建筑》2004年第5期。

七、五台山南禅寺

山西的古建筑以五台山地区最为集中，而五台山的古建筑又以南禅寺最为古老,距今1200多年。五台山南禅寺位于山西忻州五台西南的阳白乡李家庄附近。古寺占地面积3000多平方米，主要包括山门、菩萨殿、龙王殿和大殿等。大佛殿建于唐代，其余几座殿宇均为明、清时所建造。

南禅寺大殿在我国建筑史上有着重要的地位，在几千年古代建筑的发展中形成了自己独特的体系。大殿建于1200余年前。尽管宋、元、明、清各代对此寺都有过维修，部分构件略有损伤，但无论是建筑的规格、结构还是塑像神韵都保持了唐代风格。南禅寺坐北面南，规模不大。寺院南北长60米、东两宽51米多。寺内现分东、西两院，有殿宇6座。山门内的四合院中，东、西配殿为龙王庙和观音殿、菩萨殿。东跨院全为僧房。

唐建大佛殿为南禅寺主殿，共3间正殿，外观雄伟、秀丽、古朴。全殿由台基、屋架、屋顶三部分组成，共用檐柱12根。殿内没有天花板，也没有柱子，屋顶重量主要通过梁架由檐墙上的柱子支撑；四周各柱柱头微向内倾，与横梁构成斜角；四根角柱稍高，与层层迭架、层层伸出的斗拱构成"翘起"。这种建造方法使梁、柱、枋的结合更加紧凑，增加了建筑物的稳固性，同时出檐深而不低暗，使整个大殿形成有收有放、有抑有扬、轮廓秀丽、气势雄浑的风

图9-8　五台山南禅寺

格，给人以庄重而健美的感觉。全殿结构简练，形体稳健，庄重大方，体现了我国中唐大型木构建筑的显著特色。[①] 正殿重建于唐德宗建中三年（782年），是我国现存最早的唐代木构建筑，堪称国宝（见图9-8）。

八、敦煌石窟

石窟原是印度的一种佛教建筑形式。它是依山就势开凿而建的寺庙建筑，里面有佛雕像或佛教故事的壁画。中国的石窟起初是仿印度石窟的形制开凿的，多建在中国北方的黄河流域。著名的有敦煌石窟、麦积山石窟、云冈石窟、龙门石窟等。

敦煌石窟始建于十六国的前秦时期，历经隋、唐、五代、西夏、元等历代的兴建，形成了规模巨大的石窟建筑群，尤其以精美的壁画和塑像闻名于世，是世界上现存规模最大、内容最丰富的佛教艺术圣地。敦煌石窟包括莫高窟、西千佛洞、瓜州榆林窟、东千佛洞、水峡口下洞子石窟等，是世界闻名的历史文化遗产。

莫高窟位于甘肃敦煌东南25公里处的鸣沙山东麓断崖上，前临宕泉河，面向东，洞窟分布高低错落，上、下有5层。莫高窟所占崖面全长1618米，高50米，绝大部分洞窟分布在南段长约1000米的地段内，仅有少量在崖壁的北段（见图9-9）。莫高窟采用木构建筑，仅存唐宋时期的木构窟檐5座。窟内绘、塑佛像及佛典内容，为佛徒修行、观像、礼拜之处。莫高窟是中国古代艺术史的百科全书。

莫高窟的洞窟建筑形式主要包括禅窟、中心塔柱窟、佛龛窟、佛坛窟、大像窟等。各窟均由洞窟建筑、彩塑和壁画综合构成。塑绘结合的彩塑主要有佛、菩萨、弟子、天王、力士像等。壁画内容丰富博大，可分为佛教

---

① 参见伊铭：《大唐双姝——南禅寺及佛光寺》，《科学之友》2007年第9期。

尊像画、佛经故事画、佛教史故事画、经变画、神怪画、供养人画像、装饰图案等七类。精美的彩塑与壁画系统地反映了我国各个时代的艺术风格及其传承演变。

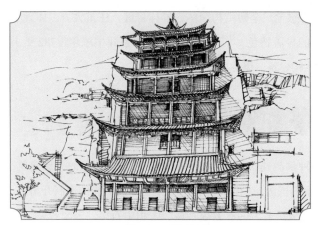

图 9-9　敦煌莫高窟

九、西安化觉巷清真寺

唐宋元时期，清真寺的建筑风格主要是阿拉伯式的，全部用砖石砌筑，平面布局、外观造型和细部处理多呈阿拉伯伊斯兰风格。元代清真寺的建筑规模和数量远远超过唐宋，仅元大都（今北京）就有清真寺35座。元代清真寺的外观造型基本上保留了阿拉伯建筑形式，但已逐步融入了中国传统建筑的布局和砖木结构特色。西安化觉巷清真寺是其中比较典型的中、阿合璧式清真式建筑（见图 9-10）。

化觉巷清真寺位于西安鼓楼街北的化觉巷内，这里是西安最大的回民聚居地区。该寺始建于唐天宝元年（742年），称"唐明寺"。元世祖中统年间（1260～1264年）重建，称"回回万善寺"；明洪武二十五年（1392年）由兵部尚书铁铉重新修葺扩建，称"清修专"；清乾隆三十年（1765年），教民再次募资重修，称"清真寺"。

从回民街的西边穿过化觉巷，就到达清真寺。清真寺东西长约25米，南北宽50米，总面积约13000平方米，建筑面积约4000平方米。布局上大致分为前、中、

后三段 5 个院落，每进庭院均为四合院形式，由殿、楼、亭、台、廊组成。

第一进院落砖雕大影壁和木构牌楼分立东、西；牌楼之后是 5 间楼，俱古色古香。第二进院落中央竖立石牌坊一座，牌坊前后有甬道，两侧建有 2 座石碑，嵌于砖构龛内。第三进院落殿面宽 3 间，单檐歇山顶；殿后院中央有邦克楼，为八角三层三重檐港尖顶。第四进院为全寺主体建筑。西边台基之上建有礼拜大殿，单檐歇山式，绿琉璃顶，斗拱五彩。大殿平面呈"凸"字形，面积达 1300 平方米，顶棚置天花，地面铺装木板。顶棚藻

图 9-10　西安化觉巷清真寺

井由彩绘组成，全为阿拉伯文组成的几何图案。窑殿四壁遍布雕画，在缠枝蔓草花纹中透雕古兰经文，色彩绚丽，金碧辉煌。廊檐南、北山墙整壁砖刻花卉硕果，雕工精细，富于质感，为清代砖雕之精品。殿前有宽敞的月台，四周绕以石栏。整个建筑形成一组古典建筑群落，布局规整，中心突出，是中国清真寺古典建筑的杰出代表。

十、武当山建筑群

武当山为道教圣地，位于湖北十堰丹江口境内。武当山建筑群占地面积 20 多万平方米，现存的主要建筑有金殿、紫霄宫、遇真宫、复真宫等（见图 9-11）。

图 9-11　武当山古建筑群

武当山建筑群初建于唐贞观年间（627～649年），明代达到鼎盛。历代皇帝都把武当山作为皇室家庙来修建。明永乐年间（1403～1424年），"北建故宫，南修武当"。明成祖朱棣大建武当山，历时12年，建成9宫、8观、36庵堂、72岩庙、39桥、12亭等33座建筑群。清嘉靖年间又增修扩建。整个建筑群严格按照真武修仙的故事统一布局，并采用皇家建筑规制，绵延140里，是当今世界最大的宗教建筑群。整个建筑群体疏密相宜，大有玄妙超然、浑然天成的艺术效果，充分体现了道教"天人合一"的基本理念，堪称我国古代建筑史上的奇观，被誉为"中国古代建筑成就的博物馆"。

金殿为明代铜铸仿木结构宫殿式建筑，位于天柱峰顶端的石筑平台正中，面积约160平方米。殿面宽与进深均为3间，四周立柱12根，柱上叠架、额、枋及重翘重昂与单翘重昂斗拱，分别承托上、下檐部，构成重檐底殿式屋顶。正脊两端铸龙对峙。四壁于立柱之间装四抹头格扇门。殿体各部分构件采用失蜡法铸造，遍体镏金，结构严谨，合缝精密，显示出当时我国铸造业高度发达的水平。

紫霄宫是武当山八大宫观建筑群的主体，是武当山保存最完整的宫殿之一。明永乐皇帝封之为"紫霄福地"。紫霄宫现存有建筑29栋，建筑面积6854平方米。中轴线上为五级阶地，由上而下递建龙虎殿、碑亭、十方堂、紫霄大殿、圣文母殿，两侧以配房等建筑分隔为三进院落，构成一组殿堂楼宇鳞次栉比、主次

分明的建筑群。紫霄宫的中部两翼为四合院式的道人居所。主体建筑紫霄殿是武当山最有代表性的木构建筑，建在三层石台基之上，台基前正中及左右侧均有踏道通向大殿的月台。紫霄殿面阔五间，重檐九脊，绿瓦红墙，其额枋、斗拱、天花遍施彩绘，使得全殿显得光彩夺目，富丽堂皇。

武当山古建筑群总体规划严密、主次分明、大小有序、布局合理，与武当山的自然环境完美结合，形成一道独特的人文与自然景观风景线，体现了中国古代建筑装饰艺术的精华，在建筑艺术、建筑美学上达到了完美的境界。其庙宇宏敞，建筑巍峨，古朴壮观，显示了中国古代劳动人民的聪明才智和艺术创造力。

第十章
军事建筑

在历史发展的进程中，随着阶级社会的出现，部族之间的政治、经济之争不断发生，导致军事征伐接连不断。为了安身立命、保家卫国，用于军事防御的专用建筑应运而生。经过历朝历代的不断发展，演变出功能不同形态各异的军事建筑形式。其中最著名的军事防御性建筑，首推我国的"万里长城"。

我国墨子称"惟非攻，是以讲求备御之法"[1]，主张以积极军事防御制止以大攻小的侵略战争。即利用地形、依托城池，正确布置兵力；以国都为中心，形成边城、县邑、国都多层次纵深的军事防御体系，层层阻击；强化顽强坚守与适时出击结合的军事防御思想。墨子的主张对中国古代"军事建筑当以防御为主"这一理念的形成起了重大的作用。

古代的军事建筑和城池在设计之初就要考虑如何进行防御。如长城、关门、烽火台、狼烟台、门楼望孔、炮台、马道、垛口、角楼等都是军事防御性的设施。很多城池中还专门设置军事城、军粮城、战城等，同样是防御工程。此外，每建设一座城市，都建有城墙、城楼、敌台、马面、瓮城、望火楼、鼓楼……这些都属于军事防御建筑工程。

城墙是城池外围防线设施的主体。在古代军事上，它既是军事防御工事又是抵御水患的堤防。为了加强对城堡或关隘的防守，城门外往往修建半圆形或方形的护门小城。一般情况下，城池会在城门的上方建置城门楼，作为战斗时放置武器及抗击敌人进攻之用，平日则作为士兵的休息、瞭望处。城门楼的主要作用是防御，同时也能增加城池气势并突出城门的地位，尽显城池的威严。守卫城墙自然少不了防御器械与用品。为了方便将所需物品运到城墙上，城墙上下必然要有通道。这一通道大多修建在城墙内侧的城楼处，称为"马道"。城墙外侧会修建一凸出来的墩台，称为"马面"。马面有长方形和半圆形，因外观狭长如同马面，故而得其名。箭楼也是城池中极为重要的军事防御建筑。箭楼

---

① 《墨子·非攻》。

上设有射击孔，可直接作战。我国目前保存较好的箭楼，有北京的前门箭楼和德胜门箭楼。

一、要塞与水门

要塞指险要的关隘，亦作"要隘"，常出现在边城的要害之处。要塞是一处特别加固且固定的军事设施，也就是关、隘等防御性军事关口。据记载，在我国汉代时与防御性有关的边境要塞类的名称就有"边""关""城""坞""亭""垒"等多种，统称为"塞"。要塞作为一处防御性的军事建筑，其主体部分为方形，四面围绕着土石之类结构的坚固的高墙。在四围城墙的每一面各开设有门洞一座，门道中设有可以自动升降的悬门，能够在遭到突然袭击时快速关闭城门。在城墙的四角还各建有一座高于城墙的瞭望楼，可以更好地增强要塞的防御性，并有利于发现敌情。

最初的要塞往往是特别加固的城堡，通常复合在大城堡里面。要塞的主要功能是防御，通常由城堡属民执行防守。如果外城遭外敌攻陷，防卫者可以撤守至要塞中作最后的抗击。这种复合性的建筑通常先从要塞盖起，随着时间的演进，逐渐向四周扩建，修建外城墙和箭塔等，以作为要塞的军事防线。

水门为古代城门的水闸，也称"斗门"或"牐"，有些城池的城墙需要跨河而建，建在河床或河湖岸边。为了不阻挡流水，且便于控制水位、取水或泄水便在城墙的下部开设一个拱券形的门洞，这样的门洞就叫"水门"。

西汉元帝年间，兴建南阳水利时，修筑了大量城楼和用于民生的水门。从黄河淇口以东修筑河堤，设有多处放水门，对下游起到了"旱则开东方下水门溉冀州，水则开西方高水门分河流"之用。东汉时期素有"十里建一水门"的说法，以此作为治理利用黄河之水的主要措施之一。南朝宋时，扬州已出现了通航之用的水门。唐宋以后，水门使用更为普遍，特别是在运河上。淮扬运河和江南

运河上修建的各种水闸达七八十座。水门被广泛地用在引水排水、分洪挡潮、冲沙和通航各方面。最初的水门由木土筑成，后发展为木石结构，遗存至今的水门都是用条石砌筑而成的。水门的闸门多为木制叠梁式（见图10-1）。

图 10-1　水门

二、敌台与烽火台

敌台主要指建置在长城上的哨所，主要作用是瞭望与射击。与敌楼相比，敌台只有一座突出的平顶高台，上面没有楼阁式建筑，只是在平台的四边加设有护栏。敌台分实心敌台和空心敌台。实心敌台台下是实体，守卫者只能在台顶瞭望、射击；空心敌台内部为中空形制，里面可以住人。空心敌台是明代时发展形成的一种敌台新形式。

实心敌台没有登台顶的踏道，位于城墙内侧，基本为方形。实心敌台的基部用预制的条形石块垒砌，基部以上墙体四周用长方形青砖错缝平砌至顶。整个敌台从基部向上有明显的收缩，从外侧表面看墙体呈上窄下宽的梯形。空心敌台是跨城墙而建的、四面开窗的楼台，守城士兵可居住在里面，并可储存武器、弹药以抗击来犯之敌。空心敌台的创建是明代长城防御体系逐步提升的重要标志。空心敌台由上、中、下三部分修建而成。下部基座部分多用大条石砌成，高度与城墙基本相同；中部为空心部分，多用砖墙和砖砌筒

拱承重，修建成相互连通的小券室，用木柱和木板承受重量；上部分为敌台顶，多数台顶中央建有楼顶，为守城士兵提供遮风避雨之用，有的敌楼台顶铺成平台，供举火燃烟以报警之用。城墙敌台的修筑和完善极大地加强了长城的军事防御功能。

烽火台，又称"烽燧"，是古时用于点燃烟火传递重要消息的高台，系古代重要军事防御设施，为防止敌人入侵而建。遇有敌情发生，白天施烟，夜间点火，台台相连，传递消息，是一种最古老但又行之有效的消息传递方式。烽火台的形状有方有圆，使用的材料大多是砖和石头。

图 10-2　烽火台

烽火台的建筑早于长城，但自长城出现后，长城沿线的烽火台便与长城密切连为一体，成为长城防御体系的一个重要组成部分。特别是汉代，朝廷非常重视烽火台的建筑，在某些地段，烽火台建筑的重要性甚至大于长城城墙建筑。我国西北地区的烽火台多为夯土打筑，也有用土坯垒筑的；山区的烽火台多为石块垒砌。明代有用砖石垒砌或全砖包砌的。烽火台的布置一般分为三种：一是位于长城城墙以外，沿通道向远处延伸，以监测敌情动向；二是位于长城城墙以内，与关隘、镇所、郡县相连，以便及时组织反击作战和疏散撤离；三是位于长城两侧，便于迅速调动全线戍边守兵，奋起迎敌。

烽火台耸立于多群山之巅，一路烟楼相望，烽火台相连，曲折跌宕几百里，是我国古代重要的军事防御工程。烽火台递次启动，相互通报，顷刻间敌情便传至卫城指挥部，短时间内就可进入临战状态。形成一条以卫城为点、巡检为

线的军事联动防御。随着时间的推移，烽火台作为古代重要军事设施之一，现已成为珍贵的文物古迹（见图 10-2）。

三、瓮　城

　　瓮城又叫"月城"，是建在大城门外的小城，主要功能是增强城池的军事防御。当外来入侵者攻入瓮城时，如果主城门和瓮城门关闭了，城内守军便可对入侵者形成"瓮中捉鳖"的打击之势（见图 10-3）。在明代南京城墙修筑以前，我国传统瓮城的设计是将其设置在主城门之外。而明代南京的城墙则是将瓮城设置于城门内侧，同时在城墙墙体上进行了改造，设置了"瓮洞"（即藏兵之用），

极大地加强了城市和门安全的防御能力。

　　金代城市及边堡建瓮城者尤多，如位于内蒙古科尔沁右翼中旗的吐列毛杜一号古城，仅辟有东、南二门，但均构直径约20米之圆形瓮城，出入口俱南向，临门又建影壁墙，为其他瓮城所罕见。黑龙

图 10-3　瓮城

江省伊春市之金代故城，多于东南、西南隅各开一门，门内均建矩形的瓮城。

　　明代仍多使用瓮城，如明初南京聚宝门瓮城。北京的各城门也修建了瓮城，至清代依然保存完好。瓮城分为矩形与半圆形两类。前者设置于主要城门外，主城门与瓮城门同在一直道上；后者设置在次要城门前，城门与道路曲折相通，即瓮城门辟于侧面，但又与邻近的瓮城城门遥相呼应。

四、敌 楼

敌楼是城池防御中的重要建筑之一，主要功能是战斗时放置武器及抗击敌人进攻。敌楼外侧以厚重的砖墙切制而成，形成一层或二层室内活动空间，以存放粮食和兵器；平日则作为士兵休息、瞭望的地方。[①]我国的古城平遥，其城墙上就筑有敌楼。敌楼为方形双层，上层墙上开有瞭望窗，楼顶为硬山式，楼内设有木楼梯上下。我国著名的万里长城上更是矗立着一座座坚固的敌楼。敌楼间的距离不等，地势险要的地方密度小，地势平缓的地方则密度大。由此可以看出其重在军事防御的目的（见图10-4）。敌楼建筑于长城墙顶，一般为四方形或长方形，分上、下两层：上层设有箭窗，并置有燃放烟火的设施；下层设有券

图10-4 长城敌楼

门、楼梯，可供士兵歇息或存放武器之用。在今天看来，敌楼已成为长城上的美妙景观，体现着万里长城内在的律动节奏和建筑美感。

五、箭 楼

箭楼是古城池中重要的军事防御建筑。箭楼最大的特点就是楼体开有窗洞，

---

① 参见王其钧：《中国建筑图解词典》，第221页。

并且窗洞较为密集，以供平日瞭望和战斗时射击之用。因为古代射击多用箭，所以得名"箭楼"。箭楼的窗洞都是小的方形箭窗，墙面收分明显，稳重坚实。我国目前保存较好的箭楼有北京的前门箭楼和德胜门箭楼。

北京前门箭楼始建于明正统四年（1439年），是正阳门原有瓮城上的城楼。整座箭楼坐落在高高的城墙上，气势宏伟，是北京原有箭楼中最高的一座。上部的主体高四层，平面呈"凸"字形，也就是前带抱厦的形式。主楼楼体与抱厦顶部皆为单檐歇山式，上面覆盖着与腰檐相同的灰色筒瓦，带绿剪边。[①]

德胜门箭楼位于北京城的北部城墙处，明代正统年间修建。箭楼呈"凸"字形，前有抱厦，第四层墙体向内收缩。城楼主体部分的三层与四层之间有一层腰檐与前部的抱厦檐相连，上部为单檐歇山式楼顶，墙体是灰砖墙，楼体下部是高大的城墙。四层的德胜门箭楼每

图10-5　箭楼

层都开有供瞭望的小方窗（见图10-5）。德胜门箭楼的整体高度比前门箭楼要低，但德胜门箭楼更好地保留了原来的风貌。

六、马面与马道

城池的城墙上还有一个重要的部位，叫"马面"。马面是突出于墙体之外、

---

① 参见王其钧：《中国建筑图解词典》，第222页。

图 10-6　马面

而又与墙体相连的城垛。（见图 10-6）马面这样的建筑形式，能帮助更好地加固墙体。更重要的是，守城者站在马面上，能更方便地射击来犯的敌人。一般每个马面之间的距离不超过 120 米，因为当时的弓箭射程是 60 米左右，这样就不会有防御缺口。现存最早的马面实物见于甘肃夏河北的汉代边城八角城。其内城尚存马面 5 处，东南 1 处，西南及西北各 2 处，依地形需要而设置。

作为重要军事防御设施的城墙，自然少不了防御器械与用品。为了方便将所需物品运到城上，城墙上下必然要有通道。这个通道一般建在城墙内侧、城楼处。坡道表面为陡砖砌法，利用砖的棱面形成摩擦力增加，俗称"礓"，便于马匹、车辆上下通行，故又称"马道"。作为城墙防御的附属设施，马道对提高军事防御的性能和战斗力起到了重要作用。

马道紧贴城墙（城楼）向上，一般有 15 ～ 30 坡度通达墙顶。马道往往两条相对，形为"八"字或倒"八"字，宽约数米，青砖铺砌，外侧设女儿墙。明代初建内城时，除在北京九门门楼和角楼下设马道外，城楼间的城墙还布有 14 对马道。城墙马道的设置，除根据距离和防御需要设于两楼正中外，其余多正对城内交通要道，以便于交通运输与调兵遣将。

七、故宫德胜门

北京旧城有"内九外七皇城四"之说，即内城九门、外城七门及皇城四门。内城九门分别指东城墙上的东直门、朝阳门，南城墙上的崇文门、正阳门、宣武门，西城墙上的阜成门、西直门，北城墙上的德胜门和安定门。

德胜门，始建于明正统二年（1437 年），是明、清北京城内城九门之一。（见图 10-7）明、清两代，德胜门正面迎击过来自北方的军事入侵，是北京城最重要的城防阵地。德胜门是由城楼、箭楼、闸楼和瓮城等组成的群体军事防御建筑，是京师通往塞北的重要门户，素有"军门"之称。按星宿，北方属玄武，玄武主刀兵，所以出兵打仗一般从北门出城。取名"德胜门"，意为"以德取胜""道德胜利"。明代永乐皇帝北征，清代康熙皇帝平定噶尔丹叛乱，乾隆皇帝镇压大、小和卓叛乱都自德胜门出师。

图 10-7　故宫德胜门

德胜门箭楼在北京城北垣西侧，位于城楼前沿，建在砖砌的城台上，为城楼的军事防御性建筑。箭楼坐南朝北，灰筒瓦绿剪边重檐歇山顶，其俯视平面为凸形，前楼后厦合为一体，3 座过梁式门朝南开，北侧楼体面阔 7 间，南侧庑座面阔 5 间，楼上、楼下共 4 层，并有箭窗 82 个，北侧 48 个，东、西两侧各17 个，作为守城时对外的射击孔。

德胜门东边的城墙上放有一尊炮。每日午时，德胜门和宣武门同时一声火炮。城内的老百姓听炮对时。德胜门瓮城内的珍品应当要数立在中间的一座碑亭。亭中矗立着一座高大石碑，镌有乾隆帝六十二年（1797 年）时的御制诗。这位当时的太上皇回忆往昔的峥嵘岁月，在"德胜"二字上很是抒发了万丈豪情。

德胜门距今已有近 600 年的历史。它与北京一起经历了明清的朝代更替、八国联军的洗劫、日本侵略者的蹂躏。值得欣慰的是，在经历了在一阵阵血雨腥风之后，德胜门依然较完好地保存了下来。

八、苏州盘门

苏州盘门位于苏州古城墙的西南角，有著名的"盘门三景"瑞光塔、吴门桥和盘门城楼。据古籍记载，苏州城最初是春秋战国时期吴王阖闾命伍子胥所筑的吴国都城。盘门为吴门八门之一，古称"蟠门"。虽经历代多次修筑，但位置基本未变。由于吴国在辰位，越国在巳位，因此刻林木作蟠龙镇北，面向越国，以示吴国征服越国之意。后因流水萦回交错，改称"盘门"。盘门是苏州仅存的古城门遗迹，其水、陆城门并存的现象在全国已绝无仅有（见图 10-8）。

图 10-8　苏州盘门

苏州现存的盘门总体布局和建筑结构基本保持了元末明初的旧貌，水、陆两门南北交错并列。

盘门由两道水关、三道陆门和瓮城相互组合而成，水陆城门并用，气势雄伟。陆

城门分内、外两重。内、外两道城垣构成长约 20 米的方形瓮城。古时守将诱敌至城下，从城上放箭、坠石，宛如"瓮中捉鳖"。内城门北面左侧有条城墙跑马道，直抵城墙顶上的一座由巨砖铺成的宽阔平台，在此能看到整个陆门、水门、瓮城的全貌。这里为适应古代防御战而设置的女墙、射孔、闸口、关石、开井（防火用的设置）及眺望台俱在。

盘门水城门是国内外唯一保留完整的水陆并用古城门，具有极高的历史文物价值。水城门由两重拱式城门和水瓮城贯穿而成。水闸用绞关可随时开闭。这种用于军事战备与防洪的设计是古代筑城史上因地制宜的又一创举。水门由内、外两重城门组成。外门石拱券作分节并列式构筑，墙角各立方石柱上架楣枋以承拱券。内外水门之间南北砌泊岸，东南隅城墙内辟有洞穴通道，可循石级登城台。

陆门有内、外两重，成方形的瓮城。城墙下以条石为基，上砌城砖。内、外两门错置，外门在瓮城东北方向，由三道纵联分节并列式石拱构成；内门偏于瓮城西南，以三道砖拱构成。左、右城墙亦由花岗石砌筑。为增强陆门的稳固性，门、外、左、右加筑梯形护身墙。登城坡道在城墙北侧，可自东而西上至城台。从城垣北侧石板坡道登上城墙，可以看到整个陆门、水门套城的布置和结构全貌。

苏州古城至今已有 2500 余年历史。盘门是苏州唯一保存完好的水陆城门。作为苏州历史上的南大门和城防要塞，盘门素有"北有长城之雄，南有盘门之秀"的赞誉。苏州盘门与长城南北相映，展现了中华锦绣壮丽河山的风貌，给成千上万的学者、专家留下了深刻的记忆。

九、甘肃嘉峪关

嘉峪关是万里长城最重要的关隘，是长城的西端的起点，也是中国规模最

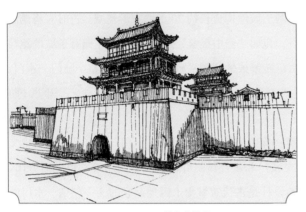

图 10-9　甘肃嘉峪关

大的关隘。长城关隘规模最大的有两座：一座是东端的山海关，另一座是西端的嘉峪关。

嘉峪关市位于甘肃西北部，河西走廊中部。嘉峪关是明长城西端的第一重关，是古代"丝绸之路"的交通要塞，也是明代万里长城西端

起点。嘉峪关始建于明洪武五年（1372 年），先后经过 168 年的修建，成为万里长城沿线最为壮观、最为重要的关城[①]（见图 10-9）。

嘉峪关关城是由黄土夯筑的，城墙高 150 米，建在高高的黄土高原山脊之上。长城位于地势最高的嘉峪山上，城关两翼的城墙横穿沙漠和戈壁，向北 8 公里连黑山悬壁长城，向南 7 公里接河西第一隘口。嘉峪关关城布局合理，内城东、西二门外都有瓮城守护，瓮城门均向南开。西瓮城筑有罗城，罗城城墙正中面西设关门，门楣上题"嘉峪关"三字。关城内现有的建筑主要有将军府、官井、关帝庙、戏台和文昌阁。

嘉峪关由内城、外城、城壕三道防线成重叠并守之势，壁垒森严。它与长城连为一体，形成五里一燧、十里一墩、三十里一堡、一百里一城的军事防御体系。关城以内城为主，内城西宽东窄，略呈梯形，以黄土夯筑而成，西侧以砖包墙，雄伟坚固。东、西开光化门和柔远门两门，意为"以怀柔而致远，安定西陲"。东、西门各有一瓮城围护。西门外有一罗城与外城南北墙相连，有嘉峪关门通往关外，

---

① 参见王其钧：《中国建筑图解词典》，第 309 页。

上建嘉峪关楼。城四隅有角楼,南、北墙中段有敌楼,两门内北侧有马道达城顶。

　　嘉峪关关城依山傍水,扼守在南北宽约 15 公里的峡谷地带上,南部的河谷构成关防的天然屏障。嘉峪关附近烽燧、墩台纵横交错,关城东、西、南、北、共有墩台 66 座。嘉峪关地势天成,攻防兼备,与附近的长城、城台、城壕、烽燧等设施构成了严密的军事防御体系,被史上誉为"天下第一雄关"。

十、长 城

　　长城又称"万里长城",是我国古代劳动人民创造的伟大奇迹,是中国悠久历史的见证。它与罗马斗兽场、比萨斜塔等同被列为中古"世界七大奇迹"。长城是中国也是世界上修建时间最长、工程量最大的一项古代军事防御工程。长城修筑的历史可上溯到西周时期,以后延续不断修筑了 2000 多年。长城分布在我国北部和中部辽阔的土地上,建筑总长度达 2 万多公里。

　　春秋战国时期,各国相互争霸,长城的修筑也进入第一个高潮期。秦始皇灭六国统一天下后就开始接连不断地修筑长城,史称"万里长城"。明朝时投入了很大的人力、物力修筑长城,人们今天所看到的长城多是明朝修筑的(见图10-10)。中国的新疆、甘肃、宁夏、陕西、内蒙古、山西、河北、北京、天津、辽宁、吉林、黑龙江、河南、山东等省、市、自治区都有古长城、烽火台的遗迹发现。

　　长城是我国最长的墙体式军事防御建筑,也可以说是形式与墙体相近、性质与城墙相同的防御建筑。长城之称始于春秋战国时期。自秦始皇以后,凡是统治中原地区的朝代几乎都要修筑长城。清代康熙时期虽然停止了大规模的修筑长城,但后来也曾在个别地方进行了修建。可以说,自春秋战国时期开始到清代,一直没有停止过对长城的修筑。

　　长城在修筑过程中积累了丰富的建筑经验。首先在布局上,秦始皇修筑万

图 10-10　万里长城

里长城时就总结出了"因地形，用险制塞"的重要经验。之后的每一个朝代修筑长城都按照这一原则进行，这也成为军事布防上的重要依据。凡是修筑关城隘口都是选择在两座山谷之间或平川往来必经之地，这样既能控制险要又可节省人力和物力，以达到"一夫当关，万夫莫开"的防御效果。修筑城堡或烽火台也是选择在险要之处。在修筑长城的漫长过程中，更是充分地利用地形。有的地段从城墙外侧看去非常险峻，内侧则甚是平缓。如居庸关、八达岭段的长城都是沿着崇山峻岭的山脊背修筑的。

随着社会的不断发展进步和制砖技术工艺的不断提高，明代时砖制品产量大增，使用广泛。所以，明长城不少地方的城墙内外檐墙都以巨砖砌筑。在当时施工、搬运建筑材料全靠人工的情况下，采用重量不大而尺寸大小一样的砖砌筑城墙，不仅方便施工，提高了施工效率，而且提高了建筑水平。另外，许多关隘的大门多用青砖砌筑成大跨度的拱门。这些青砖有的虽然已严重风化，但整个城门仍威严峙立，体现出当时砌筑拱门的高超工艺技能。从关隘城楼上的建筑装饰看，许多石雕砖刻的制作工艺都极其复杂精细，反映了当时工匠匠心独运的艺术才华。

长城是我国古代劳动人民创造的伟大奇迹，也是中国的象征。长城由点到

线、由线到面，把其沿线的隘口、军堡、关城和军事重镇连接成一个完整的军事防御体系，是世界古代史上最伟大的军事防御工程。它所体现出的以防御为主的军事思想在我国军事发展史上具有重要意义。另外，长城在中华多民族一体化格局的形成和发展上起了重要作用，增进了民族了解，促进了民族团结融合。长城恢宏的气势和精深的文化内涵，象征着中华民族的自豪感和民族的伟大力量。也让更多的国家和人民了解到中国历史文化的源远流长。

主要参考书目

1. 潘谷西主编：《中国建筑史》，中国建筑工业出版社 2009 年版。

2. 李之吉编著：《中外建筑史》，长春出版社 2007 年版。

3. 王其钧主编：《中国建筑图解词典》，机械工业出版社 2007 年版。

4. 王贵祥主编：《古风——中国古代建筑艺术：老会馆》，人民美术出版社 2003 年版。

5. 侯幼彬、李婉贞编：《中国古代建筑历史图说》，中国建筑工业出版社 2002 年版。

6. 汝信主编，徐怡涛编著：《全彩中国建筑艺术史》，宁夏人民出版社 2002 年版。

7. 张驭寰：《中国城池史》，百花文艺出版社 2003 年版。

8. 王绍周主编：《中国民族建筑》，江苏科学技术出版社 1999 年版。

9. 史建：《图说中国建筑史》，浙江教育出版社 2001 年版。

10. 王其钧、谢燕：《皇家建筑》，中国水利水电出版社 2005 年版。

11. 安徽省旅游局编：《皖南古民居》，中国旅游出版社 2002 年版。

12. 于倬云、楼庆西：《中国美术全集·建筑艺术编·陵墓建筑》，中国建筑工业出版社 2005 年版。

13. 梁思成：《中国建筑史》，百花文艺出版社 1998 年版。

14.（明）计成著，陈植注释，杨伯超校订，陈从周校阅：《园冶注释》，中

国建筑工业出版社 1988 年版。

15. 柳肃主编：《湖湘建筑》（一），湖南教育出版 2013 年版。

16. 柳肃：《营建的文明——中国传统文化与传统建筑》，清华大学出版社 2014 年版。

17. 王雪梅、彭若木：《四川会馆》，巴蜀书社 2009 年版。

18. 王日根：《乡土之链：明清会馆与社会变迁》，天津人民出版社 1996 年版。

19. 王巍总主编：《中国考古学大辞典》，上海辞书出版社 2014 年版。

20. 王亦儒编著：《中国红·秦砖汉瓦》，黄山书社 2013 年版。

21. 黄续：《宗教建筑》，中国文联出版社 2009 年版。

22. 方拥：《中国传统建筑十五讲》，北京大学出版社 2010 年版。

23. 田永复：《中国古建筑知识手册》，中国建筑工业出版社 2013 年版。

24. 韦然：《佛教建筑：佛陀香火塔寺窟》，中国建筑工业出版社 2010 年版。

25. 柳肃：《古建筑设计理论与方法》，中国建筑工业出版社 2011 年版。

26. 李秋香、罗德胤、贾珺：《北方民居》，清华大学出版社 2010 年版。

后　记

《雕梁画栋：中国传统建筑文化》一书动笔之际，在对中国传统建筑进行查阅和梳理的过程中，我再次为中国传统建筑文化的博大精深和中国传统文化的源远流长而感到震撼！

传统建筑本身就是文化的重要组成部分。任何一种建筑形式的结构、风格等的形成都有其深深的文化烙印。对于传统建筑文化历史和发展的研究，足以让人付出毕生精力，但也只能获取沧海之一粟。正因如此，深厚的传统建筑文化才吸引着我们沉浸其中并努力前行，尽己所能、力己所长地为传统建筑文化的建设、传播增砖添瓦。

在本书动笔之际，根据山东大学教授马新先生设定的基本框架和内容要求，我对本书章节的划分、内容的取舍作了系统的前期工作。我的研究生赵献忠、鞠华龙同学查阅了大量的图书资料并作了细致的分类工作，整理出本书的前期资料。山东师范大学教授周臻博士对本书的章节内容提出了很好的修改意见和建议，并进行了大量核对和编辑工作，对本书的出版付出了大量精力，做出了无私的奉献。在本书插图的绘制工作中，我的学生陈彦慧、周莉、朱礼奇、许盈盈、田嘉汇、戴泽天、周洋、杨玉婷、李佳淇、田宗正等同学手绘了大量精美的插图。在写作过程中，本人时常感到史论知识的不系统和一些知识点的欠缺。

所幸得到马新先生和周臻博士的及时斧正和帮助，才使我顺利地完成了该书稿的写作工作。在此一并表示诚挚的感谢！

李仲信

2016 年 11 月 26 日于泉城济南

图书在版编目（CIP）数据

雕梁画栋：中国传统建筑文化 / 李仲信著 .
—济南：山东大学出版社，2017.10
（中国文化四季 / 马新主编）
ISBN 978-7-5607-5726-1

Ⅰ . ①雕… Ⅱ . ①李… Ⅲ . ①古建筑—建筑
艺术—研究—中国 Ⅳ . ① TU-092.2

中国版本图书馆CIP数据核字（2017）第197094号

责任编辑：陈　珊
装帧设计：牛　钧

出版发行：山东大学出版社
社址：山东省济南市山大南路 20 号
邮编：250100
电话：市场部（0531）88364466
经销：山东省新华书店
印刷：山东华鑫天成印刷有限公司
规格：787 毫米 × 1092 毫米　1/16
　　　13.25 印张　174 千字
版次：2017 年 10 月第 1 版
印次：2017 年 10 月第 1 次印刷
定价：33.00 元